3D 列印的提案、建模和行銷

足立昌彥／稲田雅彥／大口 諒／ PALABOLA ／和田拓朗

瑞昇文化

Contents

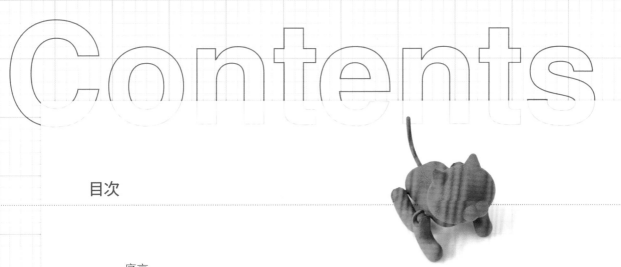

目次

序言

時代已經進步到個人也能運用 3D 列印機了。3D 列印機和鐵鎚、鋸子一樣，都是用來「製作物品（創作）」的工具。不過，3D 列印機不是普通的工具，而是一種能夠製作出任何形狀的非凡工具。本書的撰寫目的在於，引導各位讀者使用這種工具，享受這種既創新又能滿足想像力與可能性的「創作」方式。

本書的內容涵蓋了，關於運用 3D 列印機來製作物品（數位創作）的基礎知識與實踐方法。書中會解說關於數位創作的所有工作流程。對於「今後想要開始學習建模，試著使用 3D 列印機的初學者」當然不用說，對於「雖然會建模，但不知道該做什麼才好的人、想試著使用 3D 列印機的人、想要運用 3D 列印機來販售自己設計的產品的人、今後想要開始從事創作的人、已經開始從事創作的人」來說，也能在書中找到很多有用的資訊。為了讓內容能夠涵蓋創作的所有流程，廣泛的知識與經驗是必要的。因此，在本書中，會由專業的產品設計師、廠商的工程師、行銷者、經理等擁有實務經驗的相關人士來負責各個章節，以簡單易懂的方式來解說該領域的知識。

數位創作的工作流程如下所述。

工作流程大致上可以分成 6 個階段。

在（1）產品企劃這個階段中，需要思考的是，要製作什麼樣的產品。接著，要進行（2）概念設計，決定產品的概要。在第 1 章中，會解說這 2 個階段。

然後，在（3）詳細設計這個階段中，會決定產品的正確形狀與大小，製作能夠實際進行 3D 列印的 3D 模型。在使用 3D 列印機時，此設計（建模）是最重要的部分，因此大家要在第 2 章中學習建模軟體的基礎，在第 3 章中進行形狀較簡單的建模，在第 4 章中挑戰形狀較複雜的建模。由於各章的難度是循序漸進的，所以在內容的設計上，能夠讓讀者一步步地提昇實力。首先想嘗試建模的人，可以從第 2 章開始看。

接著，在（4）製造這個階段，會使用到 3D 列印機。要是形狀和想像中不同，或是 3D 列印失敗的話，就要回到步驟（3），修正 3D 模型。在第 5 章中，會說明 3D 列印機與列印材料的特性、能夠進行 3D 列印的模型形狀的檢查重點。在第 6 章中，要實際製作模型。在製作模型時，會使用到個人用與工業用的 3D 列印機。書中會分別針對兩者的特徵與使

（1）產品企劃　＞　（2）概念設計　＞　（3）詳細設計　＞　（4）製造　＞　（5）販售・宣傳　＞　（6）售後服務

重複

用方式進行説明。

產品完成後，要進行（ 5 ）販售‧宣傳，然後也要進行（ 6 ）售後服務。主要內容為，產品的維修與改善、用戶支援等。在第 7 章中，會解説這 2 項工作。説明完販售產品時的價格制定方式與宣傳方法、行銷手法後，還會針對「販售後的用戶支援」來介紹各種公式化的方法。

這種工作流程乍看之下會令人覺得既困難又繁瑣。不過，這對於學習工作流程，也就是學習「工作型態」來説，是有意義的。首先，只要了解工作型態，就能清楚地明白自己目前處於哪個階段。也就是説，可以了解到，接下來需要什麼，要邁向什麼階段。藉此就能減少不必要的擔憂，變得能夠專注於各個階段。當該做的事情很多時，我們往往會感到不安，並著手去做所有事情。不過，只要像這樣地決定工作流程，就能為該做的事情排定順序，所以能夠一一地去執行眼前該做的事。

以團隊的形式來研發產品時，更是如此，共享工作型態也會變得更加重要。當整個團隊能夠共享工作型態後，只要依照團隊成員的個性、團隊的研發環境、使用的軟體、運用的服務、公司文化來調整工作型態就行了。

那麼，就讓我們從第 1 章開始，體驗這個名為「創作」的新世界吧。

本書所介紹的建模資料可從下列網址下載 https://www.rinkak.com/book/3dprinter-guide

第1章

開始從事
數位創作吧

在本章中，會針對「在開始進行數位創作前需要先掌握的基礎知識」進行說明，並會特別詳細地說明「產品企劃」、「概念設計」這 2 個階段。而且，還會說明各種建模方法的特徵、3D 列印機的原理，讓大家了解進行 3D 建模前所需的基礎知識。藉由掌握基礎，就能更深入地理解第 2 章之後會說明的建模與 3D 列印機的詳細內容。

閱讀本章的時機

☐ 構思產品企劃時

☐ 縮小概念設計的範圍時

在階段 1 的產品企劃中，需要思考的是，要製作什麼樣的產品。也就是點子的構思。為了不擅長構思點子的人，我們會介紹一種構思點子的方法。雖然點子有時候會突然冒出來，但我們也能透過有系統的方法來構思點子。其中一種就是，以腦力激盪法的設計者而聞名的 A.F.奧斯本（Alex F. Osborn）所採用的「擴散性思考」。我們會介紹其中由麻省理工學院創意工程實驗室所挑選出來的「奧斯本九項檢核表法」。

[1] 其他用途

思考某種東西的其他用途，像是「是否能用於其他領域？是否有新的使用方式？」等。
（應用實例）

舉例來說，現在我眼前有一根茶匙（小湯匙），所以我會試著思考這根茶匙的其他用途。試著將很多根茶匙排成一列，將握柄固定住，製作成鐵琴般的樂器如何？也許能夠享受到至今從未聽過的銀匙音色。

[2] 應用

思考某種東西的應用方法，像是「是否有類似的產品？是否能借用其他產品的創意？是否能夠模仿？」等。
（應用實例）

舉例來說，現在我眼前有一根吸管，所以我會試著思考這根吸管的應用方法。說到與吸管類似的產品，就會想到竹子。說到竹子的話，就是流水素麵。如果策劃出「使用吸管來讓一根麵條在上面流動」的流水素麵活動的話，也許會成為既奇妙又有趣的活動。

[3] 變更

試著變更某種東西的涵意、顏色、作用、聲音、氣味、形狀。
（應用實例）

舉例來說，現在我眼前有一個仿古風格的畫框，所以我會試著思考如何變更這項物品。畫框的用途為裝飾畫作。試著將這個仿古風格畫框縮小，使其成為能讓頭髮穿過的髮飾如何？也許能夠做出既新潮又有點古典的髮飾。

[4] 放大

試著讓某種東西變得更大、更強、更重、更高、更長、更厚，或是試著拉長時間、提高頻率。

（應用實例）

　　舉例來說，現在我眼前有一顆用來遊玩的骰子，所以我會試著思考骰子放大後的模樣。骰子為塑膠製，所以很輕，我們可以試著讓骰子變得稍微大一點，將材質改成金屬，使其變重。我們也許還能夠藉由稍微加入一些更加講究的設計，來製作出帶有玩心的紙鎮。

［ 5 ］ 縮小

　　試著讓某種東西變得更小、更脆弱、更輕、更低、更短、更薄，或是試著縮短時間、降低頻率。

（應用實例）

　　舉例來說，現在我眼前有一盞附有燈罩的燈，所以我會試著思考這盞燈縮小後的模樣。只要讓燈本身變得很小的話，大概就會變成小燈泡吧。裝上尺寸合適的小燈罩後，試著如同聖誕燈飾那樣，以細繩狀的方式在樹上裝飾這種燈如何？我們也許能夠透過小燈泡和小燈罩來製造出大片的模糊影子，使其成為奇妙的室內裝飾。

［ 6 ］ 代用

　　思考是否能用其他東西來取代「適用於某種東西的物品、材料、素材、製造方法、動力、場所」。

（應用實例）

　　舉例來說，我旁邊的座位現在坐了一個戴著寶石戒指的人，所以我會試著思考能夠代替戒指的東西。保留戒指的寶石，試著把戒指的金屬部分（大概是白金）替換成時髦的紅色塑膠如何？戒指的廉價感與高級寶石之間的不協調感，也許會使其成為前衛的流行飾品。

［ 7 ］ 調換

　　硬是試著將某種東西的要素、形式、配置、排列、順序、因果等規則進行調換。

（應用實例）

　　舉例來說，現在我眼前有一張飲料價目表。在價目表中，飲料是依照種類來排列的。試著將飲料依照顏色來排列，並附上照片的話如何？也許能夠製作出色彩鮮明的七彩價目表。

［ 8 ］ 顛倒

　　試著讓某樣東西的前後‧左右‧上下變成顛倒，或是試著改變順序、作用。

（應用實例）

　　舉例來說，現在我眼前的牆上掛著一個空調遙控器，所以我試著思考遙控器顛倒後的模樣。遙控器上面有很多按鈕，還有用來表示溫度和濕度的液晶螢幕。在平常的生活中，不必讓這些部分被看見。因此，將遙控器掛在牆上時，試著將有按鈕和液晶螢幕的那面翻過去，使其面向牆壁的話如何？只要在沒有按鈕的遙控器背面畫上漂亮的繪畫，也許就能使其成為有點時髦的壁掛裝飾，使房間呈現出有點超現實的氣氛。

[9] 結合

試著將 2 種以上不同的東西進行組合、合體、混合。

（應用實例）

舉例來說，現在我眼前有一杯熱咖啡和一個杯墊，所以我會試著思考將這些東西結合在一起。杯墊的作用在於，防止杯子的熱能傳向桌子。試著做出讓杯墊和杯子融為一體的形狀的話如何？讓杯子的把手和杯墊合體，使熱能不易傳導，接著只要在連接形狀方面下一番工夫，也許就能做出一項兼具兩種功能的產品。

我們認為，大家應該想像得到，藉由使用這種方法就能使點子不斷湧現。在產品企劃的初期階段，首先要做的就是寫出很多點子，並從中去進一步地擴展令人感到興奮的點子。之後，則要以「實際上是否能夠實現、如果想要實現的話，必須克服什麼樣的問題呢」等事項作為借鏡，歸納產品企劃。

無論個人還是團隊，在思考產品企劃時，用筆進行素描都是個有效的方法。若是個人的話，往往只會在腦中思考。不過，藉由立刻用筆將想到的形狀或點子畫在紙上，就能用眼睛來確認已經想到的點子是什麼，而且還能有意地去思考其他部分。另外，已經畫在紙上的點子，有時也會成為使人產生新點子的契機。

如同上述的奧斯本檢核表法所說明的那樣，我們會以某樣事物為基準來持續構思點子，因此「將看到或想到的事物畫在紙上，並設置基準點」會變得非常重要。另外，在推敲點子時，紙和筆也很有用。在用筆畫出形狀或功能等的過程中，有時也能夠察覺到不足的部分、形狀不一致等矛盾點。以團隊的形式來構思產品企劃時，也同樣要使用紙和筆，讓成員共同擁有產品的形狀等資訊。雖然也可以使用白板，但考慮到接下來的概念設計階段，我們還是比較推薦使用能夠輕易複製和補充內容的紙張（Fig-1-1-1）。

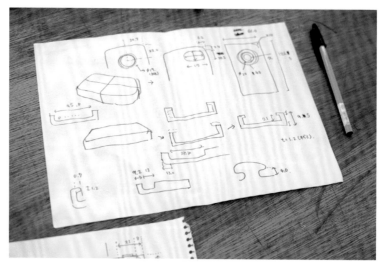

【Fig-1-1-1 互相提出想法時，要用筆和筆記本將產品的形狀記錄下來，讓大家共享】

　　從容易複製與編輯這一點來看，應該也有人會想到要利用電腦軟體吧。我們不太建議這樣做。使用電腦來工作時，往往會變成個人的工作。如此一來，原本營造出來的那種容易產生點子的積極氣氛就會冷卻下來，變得不易提出好點子。另外，操作電腦的人也經常會因為過度專注於操作電腦而變得無法參與點子的討論。在這個階段，讓所有團隊成員互相提出想法是非常重要的。要讓有參與討論的團隊成員分擔並執行後續階段的工作時，這一點更是特別重要。在研發這項產品時，大家是帶著什麼樣的想法，提出了什麼意見，經過了什麼樣的討論後，才歸納出點子的呢？像這樣地，藉由讓成員參與其中，並擬定計畫，就能讓成員對產品產生強烈的感覺，並萌生「想要製作出更好的產品」的意識。

概念設計指的是，設計產品的概念。需要思考的是，在第 1 階段中所整理出來的產品要具備何種功能？什麼樣的人會使用這項產品？需解決什麼樣的課題？當產品的形狀與功能不太複雜時，概念設計有時也會和產品企劃一起進行。在提出點子時，要用紙和筆畫出產品的形狀，並在紙上記載產品的功能和尺寸（Fig1-2-1）。要視情況將產品分成幾個部分，討論功能與形狀。提出點子時也一樣，盡量不要使用橡皮擦，而是要持續寫上需要的零件與數據。這是因為，之後在重看這份筆記時，就能輕易地了解討論的過程。我們能夠回想起，形狀為何會變成這樣？為何會採用這種尺寸？如果有需要的話，也能夠從這個地方繼續討論下去。

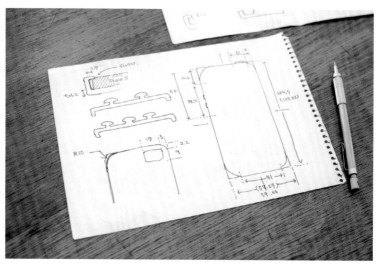

【 Fig1-2-1 用筆寫上各部分的形狀與尺寸 】

事先將在這個階段所討論的內容詳細地記錄在筆記本中吧。因為這些資料能夠運用在階段 5 的販售‧宣傳中。這些資料包含了「對哪個部分有什麼堅持？這種造型是如何產生的？在設計時，是以什麼樣的客群為主？」等項目。

使用 3D 列印機來創作時，3D 資料是必要的。在「詳細設計」這個階段中，所要做的就是製作 3D 資料。3D 資料主要會使用 3DCG 建模軟體或 CAD 軟體來製作。只要依照想要製作的 3D 模型來挑選合適的軟體即可。在這裡，我們要介紹建模方法，說明哪種方式適合製作什麼樣的模型。關於實際使用軟體來建模的方法，會在第 2～4 章中具體說明。

[1] 多邊形建模

多邊形建模指的是，使用多邊形（三角形或四角形）的集合體來呈現模型的方式。因此，模型會完全由相連的直線所構成。此方法適合藉由將基本的多邊形縮小來製作細緻的模型，但無法製作正確的曲面。舉例來說，依照「曲率半徑為 10 公釐的圓形」這個數值來指定形狀時，就不適合採用這個方法。另一方面，由於將多邊形彎曲、轉動後，就能使 3D 形狀產生變化，所以適合用來呈現動物、人物這類會動的形狀。許多 3DCG 類的軟體會採用這種方法。由於無法設定形狀的尺寸（公釐等），所以製作產品時，必須注意這一點。另外，使用此方法也能做出不符合物理定律的形狀。舉例來說，沒有厚度的多邊形之類的模型無法進行 3D 列印（Fig1-3-1）。

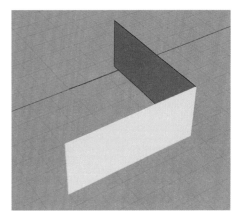

【Fig1-3-1 沒有厚度的多邊形無法進行 3D 列印】

［2］雕刻建模

　　雕刻建模法屬於多邊形建模法之一。利用繪圖板的筆壓等，宛如黏土雕刻似地，直接在3D模型上呈現凹凸起伏。在進行雕刻時，多邊形會自動被分割成許多細小部分，所以此方法適合用來製作表面光滑的有機體模型（Fig1-3-2）。不過，多邊形數量有時候會變得過多，需要特別注意。多邊形數量一旦過多，檔案的容量就會變大，3D列印機或3D列印服務有時會無法處理。一般來說，在建模時，會輪流採用能減少多邊形數量的「低多邊形化處理法」與「雕刻建模法」。

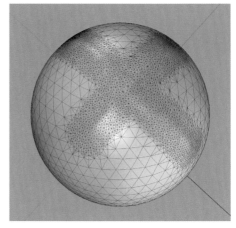

【Fig1-3-2 只要一邊將多邊形分割，一邊製作出有機曲線，多邊形數量就會產生跳躍性的成長】

［3］自由曲面建模（表面）

　　自由曲面建模法是一種藉由「將面（surface）連接起來」的方式來組成3D模型形狀的方法。自由曲面由NURBS（Non Uniform Rational B-Spline）曲線、樣條曲線（spline curve）、貝茲曲線（Bézier Curve）等所構成。與只由多邊形所構成的建模相比，能夠得到既光滑又正確的形狀。不過，在這種狀態下，模型只擁有表面，因此無法進行3D列印。舉例來說，請想像透過自由曲面來製作立方體的情況。雖然外觀看起來是立方體，但是以3D資料來說，該模型只不過是由沒有厚度的面所連接而成（Fig1-3-3）。因此，光靠自由曲面建模法，並不適合用來製作3D列印用的模型。如果想要製作能夠進行3D列印的模型，就要使用多邊形建模軟體來讀取以自由曲面建模法製作而成的3D檔案，並使用能夠定義立體形狀的多種軟體來讓模型完成。或者，也可以運用兼具自由曲面建模和多邊形建模這兩種功能的建模軟體。

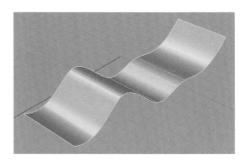

【Fig1-3-3 使用自由曲面建模法製作而成的模型，雖然看起來很立體，但卻是不具備體積資訊的資料】

[4]　實體建模

　　實體建模很類似多邊形建模。藉由讓多邊形產生變化來製作模型。在實體建模法中，一個多邊形會含有體積、材料等資訊。也就是說，這是一種在畫面上製作虛擬立體物的方法。舉例來說，在定義曲面時，在多邊形建模法中，會將多邊形細分成許多部分，但在實體建模法中，則能透過數值（公釐等）來指定曲率半徑，因此能夠製作出記錄了製造時所需資訊的模型。現在，許多 3D CAD 軟體都採用這種方法（Fig1-3-4）。

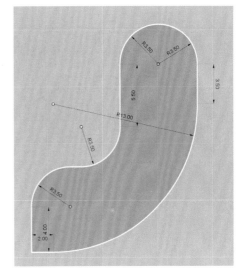

【Fig1-3-4　在實體建模法中，不會將多邊形細分，
而是能夠透過數值來正確地定義曲線】

第 4 階段是製造。製造包含了切削、焊接、沖壓加工（stamping）等若干方式，3D 列印也是那類製造方法之一。雖然 3D 列印機分成了價格 1 千萬日圓以上的工業用機器，以及幾萬日圓就買得到的個人型，但製造原理是相同的。反覆地塗上薄薄的材料，持續製作出立體形狀（Fig1-4-1）。雖然原理相同，但還是可以分成幾種方法。根據使用的方法，所製作出來的「產品品質」與「能夠進行 3D 列印的形狀」會有所差異。

再者，根據「使用什麼方式來進行 3D 列印」這一點，能夠使用的材料也不同。藉由事先了解 3D 列印方式與材料的特性，就能判斷出自己想要製作的產品適合採用何種製造方法與材料。舉例來說，想要製作的飾品要採用銀材質還是塑膠材質比較好呢？如果採用塑膠材質的話，表面的質感要粗糙一點還是光滑一點好呢？在第 5、6 章中，我們會具體地介紹「進行 3D 列印前的 3D 資料最終檢查方法、機器的操作方法、3D 列印相關知識」。

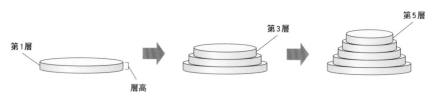

第 1 層　　層高　　　第 3 層　　　　第 5 層

【Fig1-4-1 一層層地反覆塗上材料，做出立體形狀】

[1] 熔融沉積成型法（FDM，Fused Deposition Modeling）

在此方法中，會透過列印機的噴頭部分來使材料融化，宛如霜淇淋般地，從頂部持續反覆塗上已融化的樹脂（ABS 樹脂或 PLA 樹脂等）（Fig1-4-2）。與其他方法相比，此方法的層高較大，因此不適合用來製作細緻的形狀。使用個人 3D 列印機時，層高以 0.1mm 到 0.3mm 左右為主流（Fig1-4-3）。與個人用的設備相比，工業用的 3D 列印機具備較高的控制準確度，而且能使用的樹脂材料種類也更多。

【Fig1-4-2 透過列印機的噴頭部分來使材料融化，反覆塗上，製作出立體形狀】

　　採用此方法時，由於材料會融化並垂下，所以在堆疊角度很傾斜時，要同時列印出名為「支撐材」的支柱部分（Fig1-4-4）。3D 列印完成後，只要將支撐材去除，就能完成產品。產品與支撐材是一體成形的。由於去除支撐材後會留下痕跡，因此產品必須進行研磨等加工（Fig1-4-5）。加工過的表面很光滑，並具備出色的剛性、硬度、耐震性，所以適合用來製作零件或是必須具備一定強度的外殼等。

【Fig1-4-3 由左到右，層高分別為 0.3mm、0.2mm、0.1mm。層高愈小，成品愈漂亮】

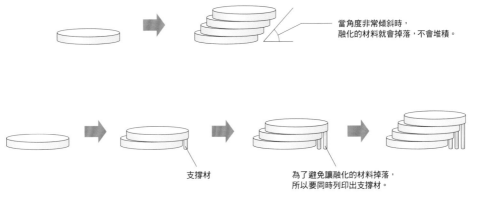

當角度非常傾斜時，融化的材料就會掉落，不會堆積。

支撐材

為了避免讓融化的材料掉落，所以要同時列印出支撐材。

【Fig1-4-4 在很傾斜的部位，要同時列印出支撐材，以避免讓融化的材料掉落】

去除支撐材　　　支撐材所　　　　透過研磨等方式來加工，
　　　　　　　　留下的痕跡　　　　使表面變得平整

【Fig1-4-5 為了去除支撐材所留下的痕跡，所以要用研磨等方式來對產品加工】

[2] 選擇性雷射燒結法（SLS，Selective Laser Sintering）

　　在本方法中，使用的材料是粉末。會使用聚醯胺（PA）粉末或金屬（銅、鋼、鈦等）粉末來當作材料。先鋪滿薄薄一層粉末材料，然後使用雷射來燒結，使其凝固。燒結後，再次鋪上薄薄一層粉末，用雷射進行燒結。反覆進行這項步驟，使其堆疊成型。（Fig1-4-6）

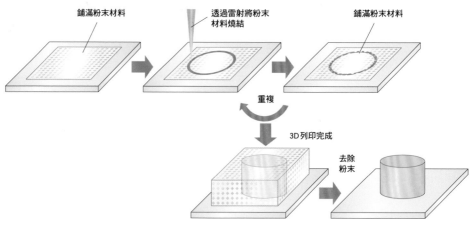

鋪滿粉末材料　　　透過雷射將粉末　　　鋪滿粉末材料
　　　　　　　　　材料燒結

重複

3D列印完成　　　去除
　　　　　　　　粉末

【Fig1-4-6 一層層地用雷射將粉末燒結，並同時堆疊出立體形狀】

　　在此方法中，粉末會取代支撐材，因此不必同時列印出支撐材，也不必花費時間來去除支撐材（必須去除粉末）。由於粉末很細微，所以能夠重現出細薄的形狀。由於使用了粉末材料，所以產品表面會呈現略微粗糙的質感。不適合用來製作必須具備光滑表面的產品。

[3] 光固化成型法（SLA，Stereo Lithography Apparatus）

　　光固化成型法很類似[2]的方法。使用以光線（紫外線）來凝固的特殊液態紫外線硬化樹脂（環氧樹脂）來取代粉末材料，並利用紫外線來取代雷射。此方法能夠重現出既複雜又細緻的形狀，也能做出光滑的表面，因此能夠做出具備高準確度的美麗成品。

[4] 噴墨方式（Inkjet）

　　噴墨方式很類似[1]的方法。持續地反覆塗上融化的樹脂。使用紫外線硬化樹脂（壓克力樹脂等）當作材料，將材料堆疊後，立刻照射紫外線，使其凝固。由於用來當作材料的樹脂粒度很細小，所以能夠製作出準確度比[1]更高的產品。

[**5**] 黏著劑噴塗成型法（Binder Jetting）

最後要介紹的方法跟[2]很類似。在此方法中，不會使用雷射來燒結粉末材料，而是會一邊用黏著劑來固定，一邊堆疊。在使用黏著劑來固定前，藉由將粉末上色，就能製作出色彩繽紛的產品（Fig1-4-7）。

【Fig1-4-7 在 2013 年 11 月這個時間點，這是唯一能夠製造出色彩繽紛之產品的方法】

由於此方法會使用到粉末材料，所以產品表面會呈現略微粗糙的質感。另外，由於在強度上也不怎麼堅固，因此用來製作工業零件、日用品、飾品等物時，必須特別留意。依照 3D 列印機的種類，顏色表現有時會不太理想，所以如果很講究色彩的話，也必須特別注意 3D 列印機的機種。

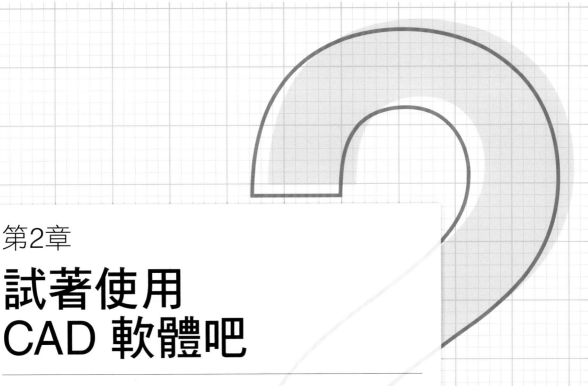

第2章

試著使用
CAD 軟體吧

由於從下一章開始，就要開始製作 3D 資料，所以在本章中，我們要為此做準備。

具體來說，就是學習 Autodesk 公司所提供的 CAD 軟體（123D Design）的基本操作方法。Autodesk 是研發了 AutoCAD 和 Maya 等知名 CAD 軟體、CG 軟體的公司。雖然 123D Design 是免費的 CAD 軟體，但具備各種建模功能，所以也能進行複雜的建模。若想要使用 3D 列印機來製作物品，第一步就是學習 123D Design 的使用方法。

閱讀本章的時機

☐ 想要學習建模的基礎時

☐ 想要確認 123D Design 的使用方法時

2 -1-1 123D Design 的概要

123D Design 是指，美國 Autodesk 公司所提供的免費 CAD 軟體。儘管是免費 CAD 軟體，但卻具備本章所介紹的各種充實功能，從 CAD 軟體初學者到老手等各種使用者，都能運用此軟體。

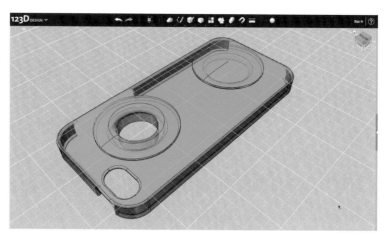

【Fig2-1-1 123D Design 的操作畫面】

在撰寫此原稿的時間點（2013 年 9 月），123D Design 已具備以下這些功能。

■ 建模功能

■ 能夠將資料儲存在雲端硬碟。

在複數機器設備、複數使用者之間，能夠輕易共享 3D 模型資料。

■ 可以輸出 STL 格式的檔案

這種格式的檔案可以用其他 CAD 軟體來開啟，也能夠用於 3D 列印服務。

■ 能夠透過 3D 列印機來輸出作品（支援 Makerbot Replicator 2、Makerbot Replicator 2X、Makerbot Replicator Dual、Makerbot Replicator Single、Objet Alaris 30、Objet Connex 500 這些機種）

從家用 3D 列印機當中的 Makerbot Replicator 系列，到工業用 3D 列印機當中的 Objet 系列都支援。

2 -1-2 ▏能夠執行 123D Design 的配備

　　若想要使用 123D Design，必須具備以下配備。另外，所支援的作業系統為 Mac、Windows 這兩種，不支援 Ubuntu 或 Fedora 等 Linux 作業系統。

[Mac]

- Apple© Mac OS© X，比 version 10.7 新的 OS 版本
- 64 位元的 Intel CPU
- 3GB 以上的記憶體（建議使用 4GB）
- 2.5GB 以上的硬碟空間（建議保留 3GB）
- 解析度在 1280x800 以上的全彩顯示器（解析度建議採用 1600x1200）

[Windows]

- Windows7（32 位元或 64 位元）
- 比 Intel© Pentium©4、AMD Athlon©64 新，且時脈高於 2GHz 的 CPU
- 2GB 以上的記憶體（最少 1.5GB）
- 1.5GB 以上的硬碟空間
- 具備 64 MB 以上 VRAM（顯示卡記憶體）的 Direct3D© 9 或 10 的顯示卡

One Point!

Autodesk 公司還提供了其他免費軟體

Autodesk 公司免費提供的 123D Apps 系列軟體，除了 123D Design 以外，包含了以下這些軟體。

- 123D Catch（支援 Windows、iPhone、iPad、Web 服務）
  此軟體會根據從各種不同角度所拍攝到的目標照片來製作 3D 模型。
- 123D Creature（支援 iPad）
  這是專門用來製作生物 3D 模型的軟體。
- 123D Make（支援 Windows、Mac、iPhone、iPad、Web 服務）
  這套軟體能夠將 3D 模型轉換成 2D 的片狀資料。
- 123D Sculpt（支援 iPad）
  這套雕刻類 CAD 軟體能夠讓人藉由在畫面上用手做出描、捏等動作來製作出 3D 模型。
- Tinkercad（支援 Web 服務）
  能夠在網頁瀏覽器（需支援 HTML5、WebGL）上執行的 CAD 軟體。
- meshmixer（支援 Windows、Mac）
  這套軟體能夠對 3D 模型進行編輯、組合。

-2-1 建立 Autodesk 帳戶

為了下載 123D Design 的安裝程式,所以要建立 Autodesk 帳戶。

1. 進入 123D 的官方網站(http://www.123dapp.com),點選右上方的「Sign In」。
2. Sign In 的畫面出現後,點選「建立帳戶」來註冊新帳戶。

像這樣地建立 Autodesk 帳戶後,就能擁有一般帳戶。

Autodesk 帳戶除了一般帳戶以外,還有高級帳戶。在撰寫本書的這個時間點,高級帳戶(月費:9.99 美元)可以利用以下這些服務。

■ 能夠將 123D Apps 系列運用在商業用途上。
■ 能夠下載高級模型資料(每月最多可下載 10 個模型)。
■ 能夠自動透過 123D Design 的 3D 資料來產生 2D 設計圖(dwg 檔案)。
■ 能夠使用 Instructables 的專業帳戶(能夠在無廣告的環境下使用 Instructables,並能運用各種追加功能)。

而且,只要購買年費會員(1 年會員:99.99 美元、2 年會員:189.99 美元),還能獲得以下優惠:

■ 可以免費列印出一個自己喜歡的 3D 模型。
■ MakerBot Replicator2 的折扣券

在本書中,只會使用一般帳戶的功能,所以不必特別去申請高級帳戶。

One Point!

那麼,就試著安裝 123D Design 吧。

-2-2 123D Design 的安裝

　　關於 123D Design 的安裝，由於 Mac 和 Windows 的安裝方法不同，所以在本書中會介紹兩者的安裝方法。

[1] 在 Mac 上安裝

　　由於官方沒有提供 Mac 的安裝程式，所以要透過 AppStore 來安裝 123D Design。

1. 在 AppStore 中搜尋「123D Design」。
2. 123D Design 會出現在搜尋結果中，所以點選後，畫面就會跳到 123D Design 的頁面。
3. 從 123D Design 的頁面進行安裝。
4. 安裝完畢後，應用程式資料夾中就會出現 123D Design，所以只要點兩下圖示，就能啟動 123D Design。

[2] 在 Windows 上安裝

　　在 Windows 上安裝時，不像 Mac 那樣需透過 AppStore 來安裝，所以要從 123D Design 的官網下載安裝程式，進行安裝。

1. 在登入 Autodesk 帳戶的狀態下，進入 123D Design 的官網（http://www.123dapp.com/design），點選「Download 123D Design」。
2. 由於畫面會跳到下載處，所以要依照所使用的系統來選擇 32 位元或 64 位元的 123D Design。
3. 下載完畢後，在安裝程式上點兩下，執行該程式。
4. 一啟動安裝程式，就會顯示授權條款（license terms），所以確認過內容，並點擊「Accept&Install」後，就會開始安裝。
5. 安裝途中會出現「是否要安裝 Autodesk 3D Print 這個軟體」的選項，由於本書中不會使用到這套軟體，所以請選擇「否」。
6. 安裝完成後，只要點擊 Launch 123D Design，123D Design 就會啟動。

　　這樣就安裝好了。立刻試著使用 123D Design 吧！

-3-1 畫面設計

只要一啟動 123D Design，就會出現下列這種畫面。

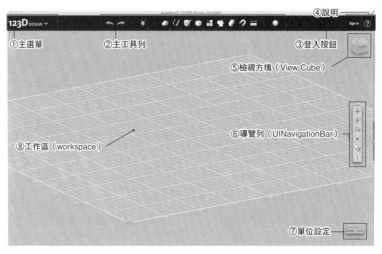

【Fig2-3-1 123D Design 的操作畫面】

123D Design 的操作畫面是由下列要素所組成。

［1］主選單

用來建立新檔案與儲存檔案的選單。

a. 建立新檔案（New）

建立一個新的檔案。

b. 開啟舊檔（Open）

開啟已存在的檔案。

c. 插入其他檔案的資料（Insert）

將其他檔案的資料插入到正在編輯的檔案中。

d. 儲存檔案（Save）

覆寫正在編輯的檔案，並儲存。儲存位置分成「To My Projects」和「To My Computer」。「To My Projects」會將資料儲存在 Autodesk 所提供的雲端硬碟。「To My Computer」則會將資料儲存在自己的電腦。為了因應 123D Design 出現當機的情況，建議最好頻繁地儲存編輯中的資料。

【Fig 2-3-2　123D Design 的主選單】

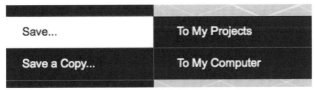

【Fig 2-3-3　檔案儲存（Save）選單】

e. 將檔案儲存成其他名稱（Save a Copy）

用其他名稱來儲存正在編輯的檔案。儲存位置跟「Save」一樣，有兩種可以選擇。

【Fig2-3-4　將檔案儲存成其他名稱（Save a Copy）的選單】

f. 3D 列印（3D Print）

將正在編輯的檔案傳送給 3D 列印機。若要使用這項功能，就必須安裝 Autodesk 3D Print Utility。在本書中，不會使用這個選單。

g. 傳送檔案（Send To）

　　將正在編輯的檔案傳送到「123D Make」、「CNC Utility」、「3D Print Web Service」。

■ 123D Make

　　Autodesk 所提供的免費網路服務，能夠將 3D 模型轉換成 2D 的片狀資料。

■ CNC Utility

　　Autodesk 所提供的免費網路服務，能夠將 3D 模型轉換成 CNC 雕刻機（CNC Router）專用的資料。

■ 3D Print Web Service

　　能夠將資料上傳到現有的 3D 列印服務。在撰寫原稿的時間點，此功能支援 i.materialise、Shapeways、Sculpteo 這 3 種服務。

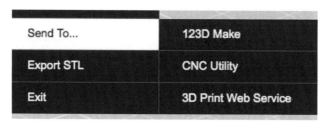

【Fig2-3-5 傳送檔案（Send To）的選單】

h. 輸出成 STL 格式（Export STL）

　　將正在編輯的檔案儲存成 STL 格式。由於一般 CAD 軟體、3D 列印機、3D 列印服務都支援 STL 格式，所以在與其他人共享資料時，或是使用 3D 列印機時，都要透過此選單來輸出 STL 格式的檔案。另外，在輸出 STL 格式的檔案時，無法選擇將檔案儲存在 Autodesk 的雲端硬碟，只能將資料儲存在使用中的電腦內。

i. 關閉（Exit）

　　關閉 123D Design。

[2] 主工具列和指令

　　這是用來製作、編輯 3D 模型的工具列。在本書中，會將用來製作與編輯模型的按鈕稱作「指令」。

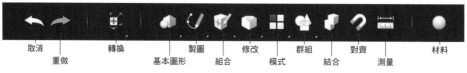

【Fig2-3-6 主工具列】

a. 取消（Undo）

取消進行過的操作。

b. 重做（Redo）

讓取消過的操作重做一次。

c. 轉換（Transform）

移動模型的位置、變更模型的大小（放大·縮小）。

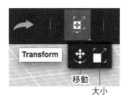

【Fig2-3-7 轉換指令】

d. 基本圖形選單（Primitives）

在基本圖形選單中，有許多用來配置基本樣式圖形的指令。先點選各指令，然後點擊工作區，就能配置基本圖形。在預設的材料中，會用較深的灰色來呈現立體感，平面圖形則會被塗滿米色。另外，由線條所構成的圖形會用白色來表示。

【Fig2-3-8 基本圖形選單】

i. 立方體（BOX）

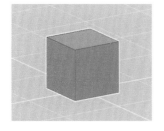

【Fig2-3-9 立方體指令】

ii. 球體（Sphere）

【Fig2-3-10 球體指令】

iii. 圓柱（Cylinder）

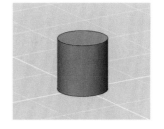

【Fig2-3-11 圓柱指令】

iv. 圓錐（Cone）

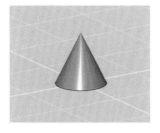

【Fig2-3-12 圓錐指令】

v. 環體（Torus）

【Fig2-3-13 環體指令】

vi. 矩形（Rectangle）

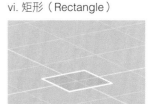

【Fig2-3-14 矩形指令】

vii. 圓形（Circle）

【Fig2-3-15 圓形指令】

viii. 橢圓形（Ellipse）

【Fig2-3-16 橢圓形指令】

ix. 多邊形（Polygon）

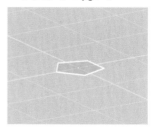

【Fig2-3-17 多邊形指令】

e. 製圖選單（Sketch）

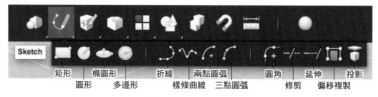

【Fig2-3-18 製圖選單】

　　雖然基本圖形選單中也有矩形、圓形、橢圓形、多邊形工具，但在工作區中，藉由使用製圖選單的指令，就能一邊畫圖，一邊使視覺上產生較大的變化，製作出更加生動的圖形。

i. 矩形（Rectangle）

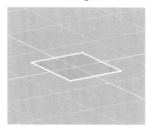

【Fig2-3-19 矩形指令】

ii. 圓形（Circle）

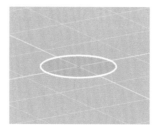

【Fig2-3-20 圓形指令】

iii. 橢圓形（Ellipse）

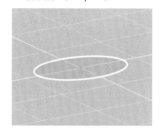

【Fig2-3-21 橢圓形指令】

iv. 多邊形（Polygon）

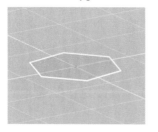

【Fig2-3-22 多邊形指令】

v. 折線（Polyline）

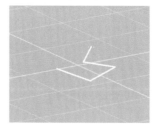

【Fig2-3-23 折線指令】

vi. 樣條（Spline）

【Fig2-3-24 樣條指令】

vii. 兩點圓弧
（Two Point Arc）

【Fig2-3-25 兩點圓弧指令】

viii. 三點圓弧
（Three Point Arc）

【Fig2-3-26 三點圓弧指令】

ix. 圓角（Fillet）
使圖形的稜角變得圓滑。

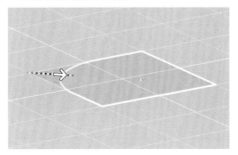

【Fig2-3-27 圓角指令】

x. 修剪（Trim）
在圖形上選擇想要切下的邊，將其刪除。

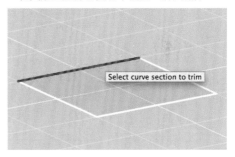

Select curve section to trim

【Fig2-3-28 修剪指令】

xi. 延伸（Extend）
在圖形中，讓斷掉的邊延長。

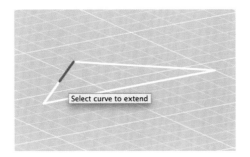

Select curve to extend

【Fig2-3-29 延伸指令】

xii. 偏移複製（Offset）
一邊保持圖形的形狀，一邊畫出與指定圖形
相隔任意距離的新圖形。

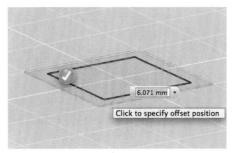

6.071 mm

Click to specify offset position

【Fig2-3-30 偏移複製指令】

xiii. 投影

在任意一個投影面上,畫出指定圖形的投影
形狀。

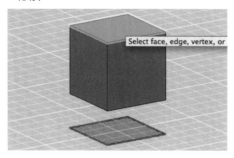

【Fig2-3-31 投影指令】

f. 組合（Construct）

組合選單中備齊了許多在製作複雜形狀時
所需的便利功能。舉例來說,可以將某個指定
面推出去,做出立體形狀,或是將複數個指定
面相連,做出立體形狀。

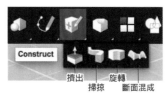

【Fig2-3-32 組合選單】

i. 擠出（Extrude）

選擇任意面,將該面擠出指定的距離,做出
立體形狀。

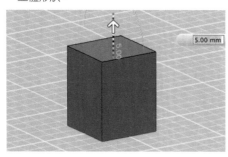

【Fig2-3-33 擠出指令】

ii. 掃掠（Sweep）

能夠讓任意面沿著指定的路徑移動,做出立
體形狀。

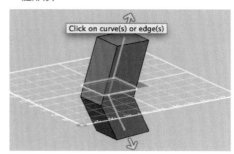

【Fig2-3-34 掃掠指令】

iii. 旋轉（Revolve）

能夠讓任意圖形在指定的軸周圍旋轉，製作出圖形。

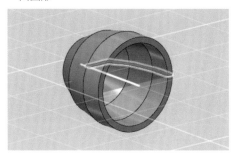

【Fig2-3-35 旋轉指令】

iv. 斷面混成（Loft）

將複數個任意面連接起來，做出立體形狀。

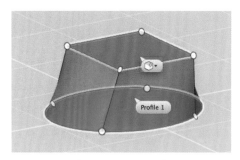

【Fig2-3-36 斷面混成指令】

g. 修改（Modify）

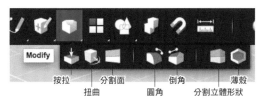

【Fig2-3-37 修改選單】

修改選單中所具備的指令，主要是用來讓製作出來的立體形狀產生部分變動。

i. 按拉（Press Pull）

雖然很類似擠出指令，但透過按拉指令，能夠只讓立體形狀的一部分產生變形，像是塞入或使其凹陷。

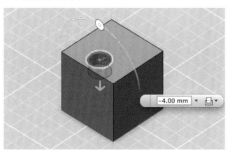

【Fig2-3-38 按拉指令】

ii. 扭曲（Tweak）

扭曲指令跟擠出指令也很像，但能夠朝著旋轉方向使立體物件變形，導致立體形狀變得扭曲。

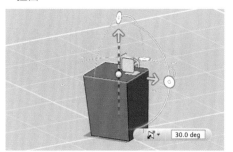

【Fig2-3-39 扭曲指令】

iii. 分割面（Split Face）

在任意面上，透過任意截面來分割該面。

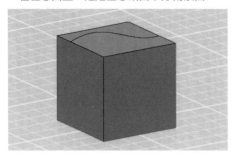

【Fig2-3-40 分割面指令】

iv. 圓角（Fillet）

使立體的角變得圓滑。

【Fig2-3-41 圓角指令】

v. 倒角（Chamfer）

將立體的角削除。

【Fig2-3-42 倒角指令】

vi. 分割立體形狀（Split Solid）

透過任意截面，將立體形狀進行分割。

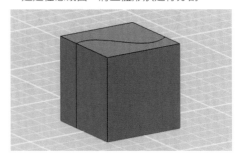

【Fig2-3-43 分割立體形狀指令】

vii. 薄殼（Shell）

讓立體物件變成像是中間被打通般的形狀。

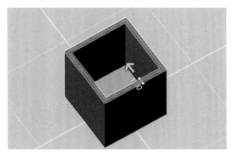

【Fig2-3-44 薄殼指令】

h. 模式（Pattern）

在模式選單中，有許多能依照某種固定規則來複製‧繪製圖形的功能。

【Fig2-3-45 模式選單】

i. 矩形模式（Rectangular Pattern）

依照「沿著 1 或 2 個方向來排列」的模式來複製指定的圖形。

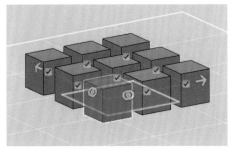

【Fig2-3-46 矩形模式指令】

ii. 圓形模式（Circular Pattern）

依照「沿著圓周方向來排列」的模式來複製指定的圖形。

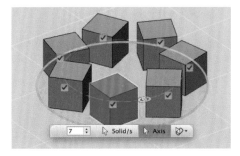

【Fig2-3-47 圓形模式指令】

iii. 路徑模式（Path Pattern）

依照「沿著任意路徑來排列」的模式來複製指定的圖形。

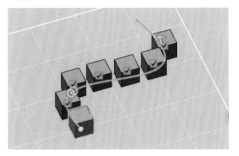

【Fig2-3-48 路徑模式指令】

iv. 鏡射模式（Mirror）

以任意路徑或某個面為基準線，複製指定圖形的鏡像。

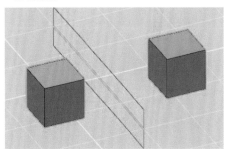

【Fig2-3-49 鏡射模式指令】

i. 群組（Grouping）

在群組選單中，能夠使立體物件群組化，以及解除群組。

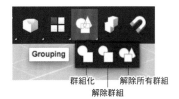

【Fig2-3-50 群組選單】

i. 群組化

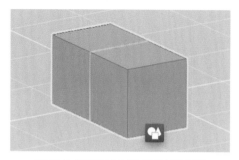

【Fig2-3-51 透過群組化指令使物件群組化後的狀態】

藉由群組化指令來使物件群組化，就能一次操作複數個立體物件。只要選擇被群組化的立體物件，畫面中就會如同 fig2-3-51 那樣，顯示出選擇選項，可以選擇要點選整個群組，或是點選個別的立體物件。

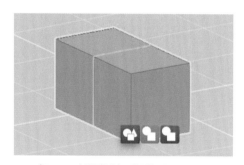

【Fig2-3-52 在選擇選項中，點選整個群組後的狀態】

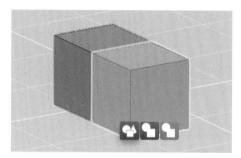

【Fig2-3-53 在選擇選項中，點選個別的立體物件後的狀態】

ii. 解除群組

解除已選擇的群組。

iii. 解除所有群組

透過群組化指令，能夠階層式地建立群組。「解除群組」指令只能解除已選擇的最上層群組，相較之下，透過「解除所有群組」指令，則能夠解除各階層的所有群組。

j. 結合（Combine）

【Fig2-3-54 結合選單】

透過結合選單，就能在複數個圖形之間進行邏輯運算（加法運算、減法運算、乘法運算）。

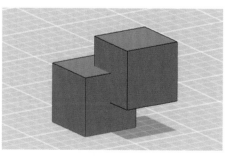

【Fig2-3-55 套用結合選單前的狀態】

i. 加法運算（Join）

　　將複數個圖形結合成一個圖形。

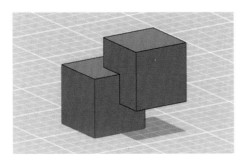

【Fig2-3-56 套用加法運算後的狀態】

ii. 減法運算（Subtract）

　　能夠製作出「某個圖形減去特定圖形後的形狀」。

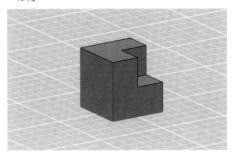

【Fig2-3-57 套用減法運算後的狀態】

iii. 乘法運算（Intersect）

　　能夠製作出「指定的複數圖形重疊部分的形狀」。

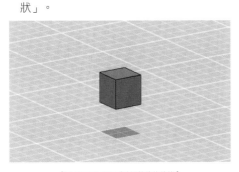

【Fig2-3-58 套用乘法運算後的狀態】

k. 對齊（Snap）

　　在對齊選單中，藉由指定對齊面，就能讓複數個圖形透過對齊面來相連。

【Fig2-3-59 對齊選單】

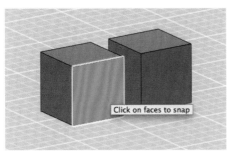

【Fig2-3-60 套用對齊功能前的狀態】

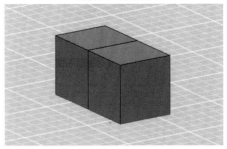

【Fig2-3-61 套用對齊功能後的狀態】

I. 測量（Measure）

透過測量選單，就能測量邊長、邊與邊之間的距離和相交角度，也能測量面的面積、面與面之間的距離和相交角度。

【Fig2-3-62 測量選單】

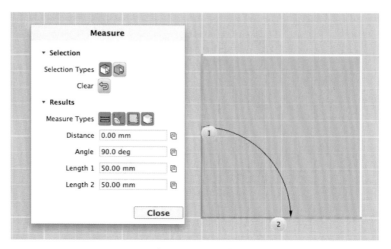

【Fig2-3-63 邊的測量】

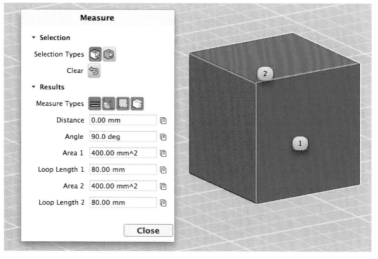

【Fig2-3-64 面的測量】

m.材料（Material）

　　由於透過材料選單，我們可以更加具體地想像製作出來的立體物件的質感或風格，所以我們能夠從材料選單中選擇材料，分配到圖形中。

【Fig2-3-65 材料選單】

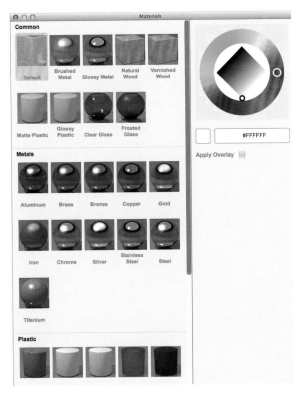

【Fig2-3-66 材料視窗】

[3] 登入按鈕

　　按下登入按鈕，就會出現登入畫面，接著就能登入 Autodesk 帳戶。只要一登入，就能讀取、儲存位於 Autodesk 雲端硬碟上的資料。

【Fig2-3-67 登入按鈕】

[4] 説明

按下説明按鈕，就能參閱 123D Design 的基本操作方式、教學、相關資訊等。

【Fig2-3-68 説明按鈕】

[5] 檢視方塊

檢視方塊是用來操作工作區視角的界面。藉由點選檢視方塊的頂點、線、面，就能流暢地移動視角。另外，藉由拖曳檢視方塊，也能將視角移動到任何位置。只要將滑鼠游標移動到檢視方塊上，左上就會顯示主頁圖示，右下則會顯示追加選單。只要點擊主頁圖示，就能恢復成預設的視角位置。另外，只要點擊追加選單，「Go Home」這個選單下方就會出現「Orthographic」和「Perspective」的選單，能夠將檢視區（viewport）投影方式變更為平行投影或透視投影。

【Fig2-3-69 檢視方塊】

【Fig2-3-70 在檢視方塊內點選】

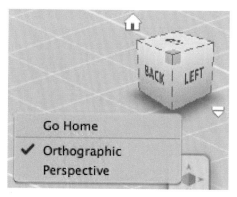

【Fig2-3-71 投影方式的選擇】

※關於平行投影和透視投影

一般來說，用人類的眼睛看東西時，位於視角近處的東西看起來較大，位於視角遠處的東西看起來則較小。讓工作區中的 3D 模型以這種方式來顯示的投影方式就是透視投影（Perspective）。另一方面，在平行投影（Orthographic）中，如果近處的物體和遠處的物體大小相同的話，所顯示出來的大小就會相同。由於在平行投影中，物體所顯示的大小不會因為視角遠近而改變，所以適合用於更加準確的建模。

[6] 導覽列

　　用來操作檢視區的選單列。透過平行移動（Pan）、旋轉（Orbit）、放大‧縮小（Zoom）、自動調整檢視區（Fit）這些功能，就能操作畫面，並能選擇是否要顯示材料或立體物件。

a. 平行移動
　　讓視角平行移動。

b. 旋轉
　　讓視角沿著旋轉方向移動。

c. 放大‧縮小
　　放大‧縮小視角。

d. 自動調整
　　自動調整視角，以讓目前所配置的模型顯示在整個畫面上。

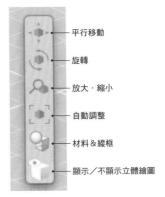

【Fig2-3-72 導覽列】

e. 材料＆線框
　　能夠選擇是否要顯示材料＆線框。

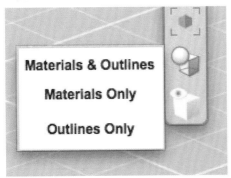

【Fig2-3-73 材料＆線框選項】

f. 顯示／不顯示立體繪圖
　　能夠選擇是否要顯示立體與平面圖形。

【Fig2-3-74 顯示／不顯示立體繪圖的選項】

[7] 單位設定

　　藉由將滑鼠游標移動到單位設定選單上，就能從 mm（公釐）、cm（公分）、in（英吋）中來選擇正在製作的模型資料的長度單位。在本書中，製作模型時的長度單位是 mm（公釐）。

【Fig2-3-75 單位設定】

【Fig2-3-76 本書所使用的單位是 mm】

[8] 工作區

用來配置、製作立體物件的區域。

2-3-2 滑鼠的操作方式

[1] 按左鍵

在 123D Design 中，跟其他 CAD 軟體一樣，只要按下左鍵，就能選擇物件。

【Fig2-3-77 沒有選擇任何物件時的狀態】

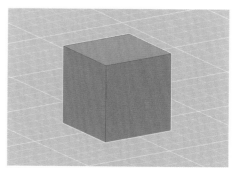

【Fig2-3-78 按下左鍵選擇物件後的狀態】

另外，只要將滑鼠游標移動到已點選的物件的各個面、邊、頂點上，並按下左鍵，就能選擇各個部位。

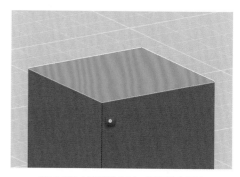

【Fig2-3-79 在已點選的物件上，選擇面後的狀態】

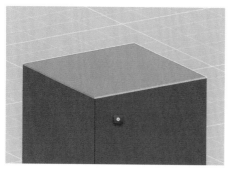

【Fig2-3-80 在已點選的物件上，選擇邊後的狀態】

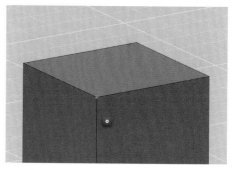

【Fig2-3-81 在已點選的物件上，選擇頂點後的狀態】

[2] 按右鍵

　　藉由一邊按下右鍵，一邊移動滑鼠，就能以工作區的中心點為支點，讓工作區上的視角沿著旋轉方向移動。在這種情況下，滑鼠游標會變成旋轉記號。

[3] 按中央鍵

　　藉由一邊按下中央鍵，一邊移動滑鼠，就能讓移動工作區上的視角沿著平行方向移動。在這種情況下，滑鼠游標會變成平行移動記號。

[4] 滑鼠滾輪

　　藉由滑動滑鼠滾輪，就能放大‧縮小工作區上的視角。另外，工作區上的格子間隔會依照視角的縮放而變化。當設定單位是 mm 時，放大到最大時的格子間隔為 2.5mm，縮小到最小時的格子間隔為 50mm。

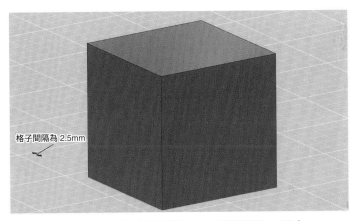

【Fig2-3-82 放大到最大時的格子間隔為 2.5mm（※設定單位是 mm 時）】

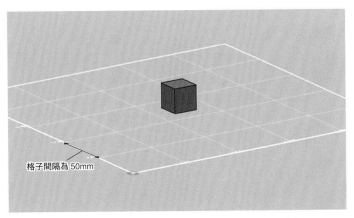

【Fig2-3-83 縮小到最小時的格子間隔為 50mm（※設定單位是 mm 時）】

2-3-3 鍵盤快捷鍵

　　在 123D Design 當中，雖然不像高性能的 CAD 軟體那樣，有許多用來建模的快捷鍵，但可以使用操作應用程式的快捷鍵。只要事先記住常用的操作快捷鍵，就能專心地從事創作。

【 在 123D Design 中能夠使用的鍵盤快捷鍵一覽表 】

Mac	Windows	操作內容
command＋o	ctrl＋o	開啟檔案
command＋s	ctrl＋s	儲存模型資料
command＋n	ctrl＋n	建立新的模型資料
command＋c	ctrl＋c	複製
command＋v	ctrl＋v	貼上已複製的資料
command＋z	ctrl＋z	取消操作指令
command＋shift＋z	ctrl＋y	重新執行操作指令
command＋p	ctrl＋p	將目前的模型傳送到 Print Utility
command＋m	ctrl＋m	將視窗縮到最小
F6	F6	自動調整視角
delete	Back-space/Delete	刪除選擇的部分
Enter	Enter	決定
ESC	ESC	結束狀態

　　以上就是從安裝 123D Design 到學習基本操作方法的介紹。那麼，接下來就試著實際體驗建模吧！

第3章

製作簡單的產品
（建模初級篇）

在本章中，我們會使用 CAD 軟體（123D Design）來實際製作產品。將介紹建模前應準備的事項、建模步驟、符合 123D Design 中的指令作用的使用方法。對於初學者來說，CAD 的門檻很高，也許會令人抗拒。不過，只要能夠掌握整個建模流程，並熟悉操作流程，就能自由自在地製作 3D 資料。一開始，請先製作概念圖很明確的 3D 模型，熟悉操作流程吧。藉由骰子、戒指、小花瓶的建模，就能持續學會操作指令。

閱讀本章的時機

☐ 使用 123D Design 來實際製作產品的 3D 資料時

☐ 透過簡單的建模操作來學習建模流程與操作流程時

-1-1 由立方體和球體所組成的骰子

我們要製作身邊很常見,且形狀很眼熟的骰子。從骰子的建模開始練習,有兩項好處。第一項是,使用概念圖很明確的物體來學習建模,就不用去煩惱要製作什麼形狀的模型。第二項則是,由於形狀是簡單的幾何圖形,所以適合用來學習基礎。

在本章中,我們會製作事先決定好尺寸的骰子的 3D 模型,但也可以一邊測量手邊骰子的尺寸,一邊進行建模工作。藉由一邊觀察實物,一邊進行建模,在工作過程中,就更加不用去煩惱形狀,而且也能迅速地學會 CAD 軟體。同樣地,製作身邊很常見的杯子等產品的 3D 模型,也有助於學習物體的形狀,所以我們很推薦那樣做。

另外,製作正式的骰子模型時,要計算點數凹孔的體積,並讓各點數的出現機率相等,但在本模型中,我們省略了這項步驟。

【Fig3-1-1 骰子的完成照片】

規格

- 尺寸：30mm×30mm×30mm
- 材質：ABS 樹脂
- 建模難易度：✈ 0.5 顆星

目的

- 將幾何圖形組合起來，製作出骰子的造型
- 反覆地排列相同形狀的圖形，製作出立體物件

使用到的指令

- Transform（Move）
- Primitive（Box/Sphere）
- Sketch（Polyline）
- Modify（Fillet）
- Pattern（Rectangular Pattern）
- Combine（Intersect/Subtract）

建模流程概要

① 製作骰子主體的形狀
② 製作骰子的點數部分
③ 模型的最後加工

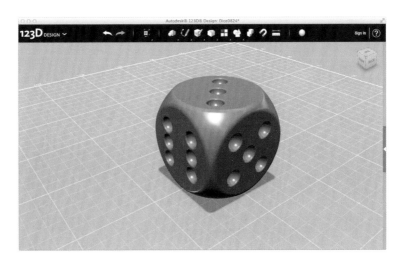

以上面這個完成圖為目標，首先從「體驗 3D 建模」做起，試著挑戰看看吧！

3-1-2 製作骰子的基本形狀

首先試著來製作骰子主體的 3D 模型吧，製作到尚未加上點數的狀態。

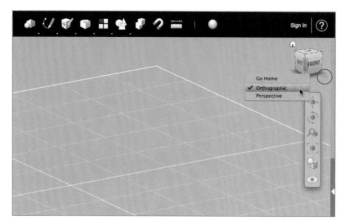

點選右上方那個立方體下方的▽圖示，設定成「Orthographic」顯示模式。

One Point!

在 Orthographic（平行投影）

在 Orthographic（平行投影）模式中，只要物件大小相同，無論物件位於近處或遠處，所顯示的大小都會相同。因此，此模式的優點在於，容易比較畫面上所配置的物件大小。想要進行正確的建模時，建議採用「Orthographic」模式。

在 Perspective（透視投影）模式中，物件會呈現歪斜形狀

與 Orthographic 相比，Perspective（透視投影）模式採用了透視圖法，物件形狀看起來是歪斜的（帶有透視感）。因此，不容易比較大小。舉例來說，我們無法判斷立方體是否為正立方體。

One Point!

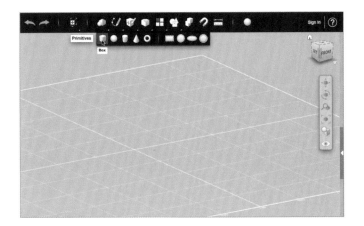

從「Primitive」選單中選擇「Box」指令。

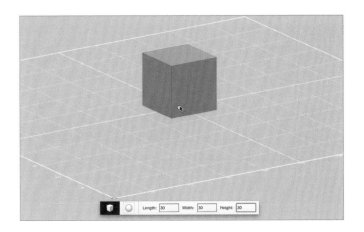

將游標移動到任意一處，為了製作 3cm 見方的骰子，所以我們要輸入立方體的尺寸「Length:30 Width:30 Height:30」，按下 Enter 鍵（若是 Mac 的話，則要按 Return 鍵）來決定數值。數字的單位是公釐。

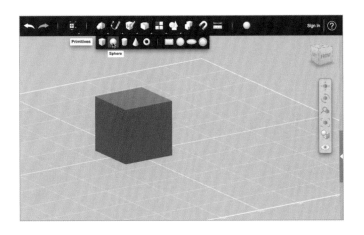

接下來要做的工作是，去除立方體的角。從「Primitive」選單中選擇「Sphere」指令。

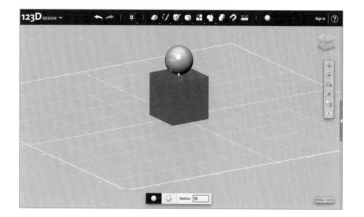

雖然只要將滑鼠游標移動到立方體上面，滑鼠游標就會自動地被固定住，與中心點對齊，但還不需按下右鍵。

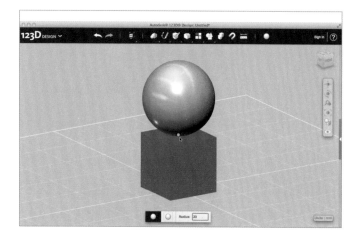

在這種狀態下，輸入球體的半徑「Radius:20」，按下 Enter（Return）鍵來決定數值。

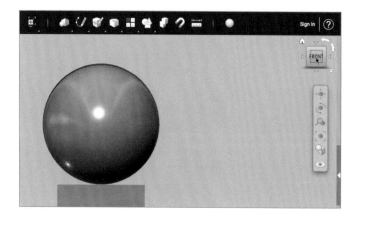

從「View Cube」選單中選擇「FRONT」指令，以顯示球體正面。

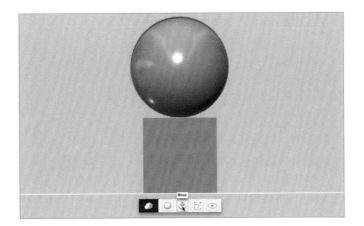

點選球體，選擇「Move」指令。

在垂直方向的箭頭上按右鍵，輸入
「-35mm」。

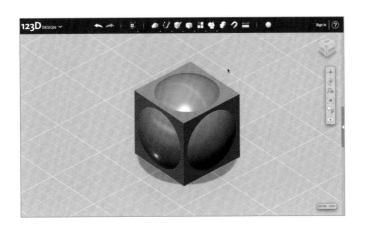

球體和立方體重疊在一起。

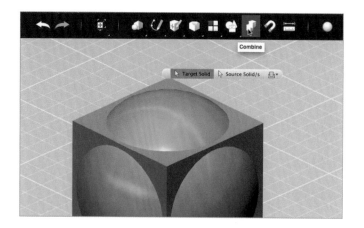

選擇「Combine」。從此處抽取出
球體和立方體的重疊部分。

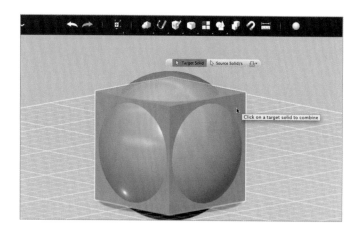

選擇「Target Solid」後，點選立方
體。

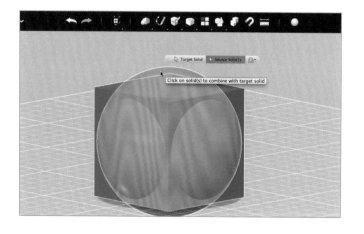

接著選擇「Source Solid/s」，並點
選球體。

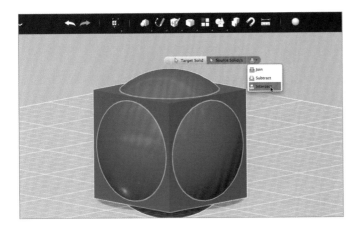

選擇最右側的圖示，從中點選
「Intersect」。

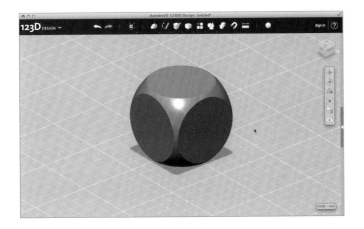

最後按下 Enter（Return）鍵完成運
算。如此一來，就能製作出球體和立
方體重疊部分的形狀。這樣骰子的基
本形狀就完成了。

接著來製作骰子的點數吧。用球體來製作 1 到 6 點，使用這些球體，在骰子主體上刻出點數。

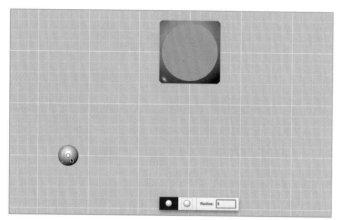

將顯示模式改成俯瞰視角，在任意位置上製作「Radius:5」的球體。這樣 1 點就完成了。

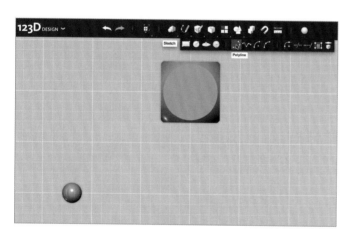

從「Ｓｋｅｔｃｈ」選單中選擇「Polyline」。

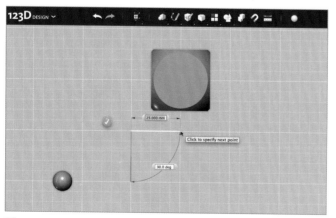

在水平方向上製作任意長度的直線。隨後在該直線上使用「Pattern」指令。

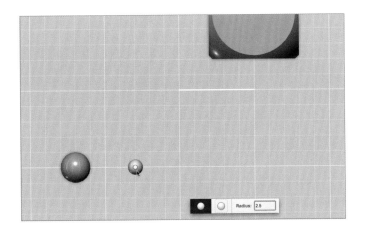

接著，製作 6 點。在任意位置上，製作「Radius:2.5」的球體。

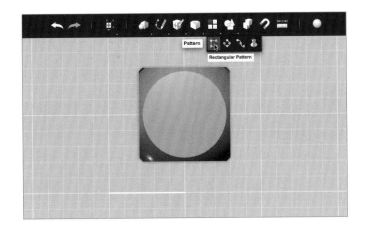

從「Ｐａｔｔｅｒｎｓ」選單中選擇「Rectangular Pattern」指令，複製球體。

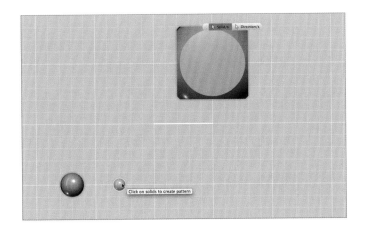

選擇「Solid/s」指令，然後點選剛才的小球體。

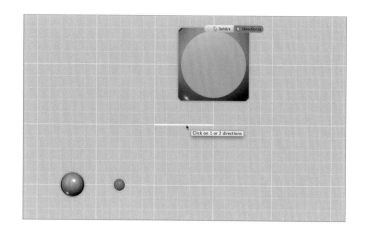

接著選擇「Direction/s」，然後點選
剛才製作出來的直線。

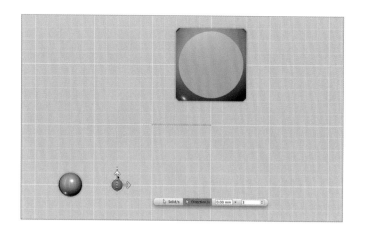

點選垂直方向的箭頭，在複製數量中
輸入「3」。

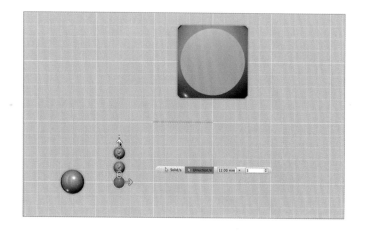

在移動距離中輸入「12mm」。

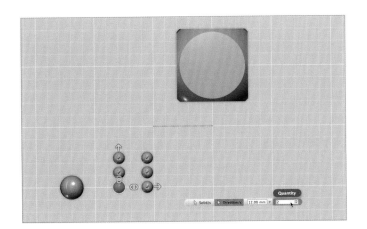

接著，點擊水平方向的箭頭，在數量中輸入「2」，在移動距離中輸入「12mm」，然後按下 Enter（Return）鍵來完成此步驟。這樣 6 點就完成了。

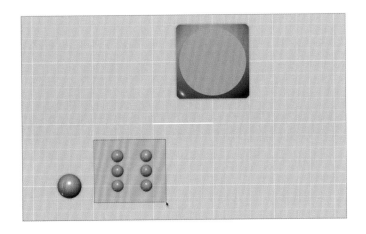

接下來，要根據剛才做出來的 6 點來製作 5 點。首先，選擇 6 個球體。

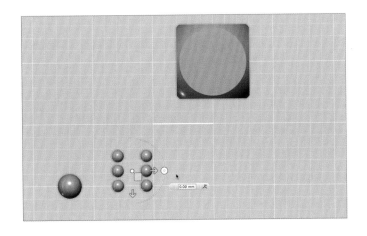

透過「複製（Win：Ctrl＋C/Mac：command＋C）→貼上（Win：Ctrl＋V/Mac：command＋V）」指令來進行複製後，畫面上就會顯示移動指令。

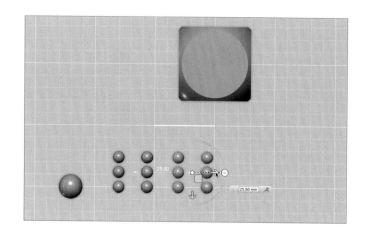

點擊水平方向的箭頭，進行拖曳，將其移動到任意位置。

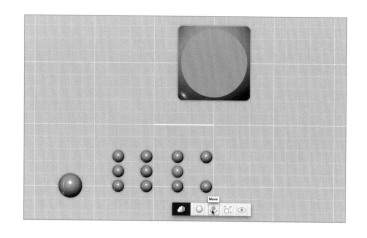

如同圖中那樣，先將右排中央的球體刪除，然後點選左排中央的球體，選擇「Move」指令。

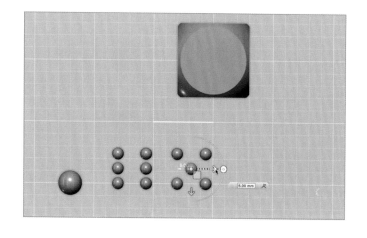

讓該球體沿著水平方向移動「6mm」。這樣5點就完成了。

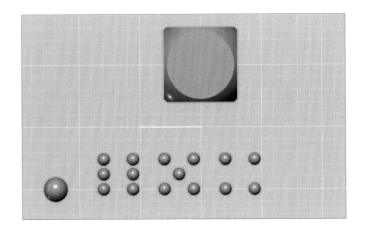

同樣地將 5 點的球體進行複製→貼上→移動，就能製作出 4 點。

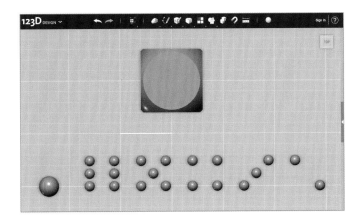

依照同樣的訣竅來製作 3 點和 2 點。這樣全部的點數就到齊了。接著，使用這些球體，在骰子主體上刻出點數。

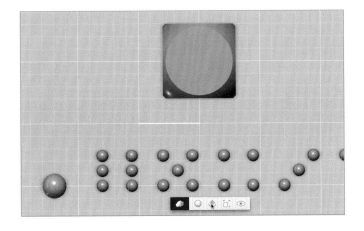

點選 1 點的球體，選擇「Move」指令。

053

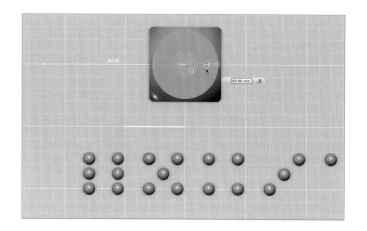

一邊用滑鼠拖曳,一邊讓球體移動到
骰子頂部的中心。請用目測方式來調
整位置。

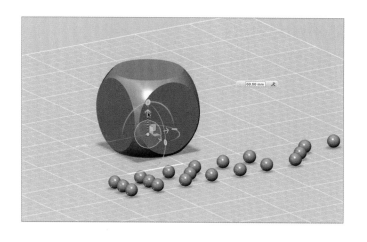

為了方便作業,請將視角變更成容易
看到頂部的角度。

將球體移動到「與立方體重疊一半的
位置」。

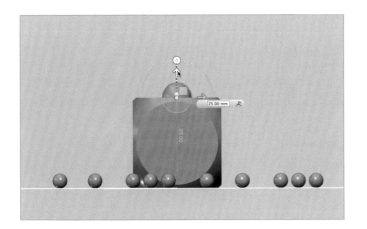

將視角變更為側面視角，就能輕易確認位置。

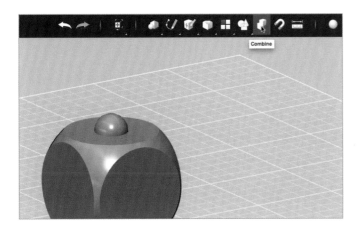

選擇「Combine」。

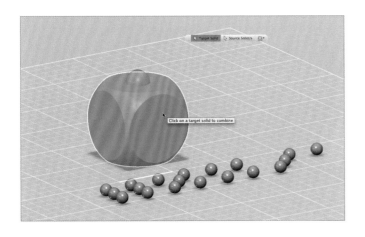

選擇「Target Solid」，然後點選骰子主體。接下來的 3 個步驟，給人的印象就是，用骰子主體減去球體。

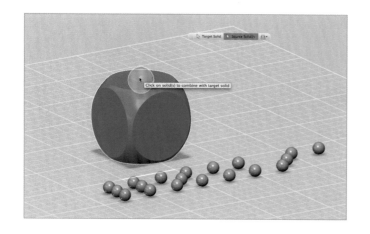

選擇「Source Solid/s」，然後點選球體。

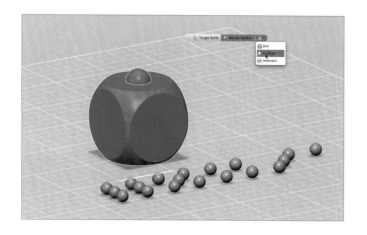

點選最右側的圖示，然後從選項中選擇「Subtract」。

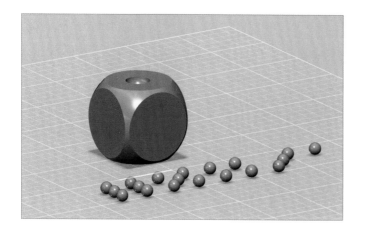

按下 Enter（Return）鍵，完成此步驟。

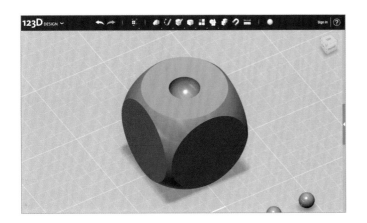

如此一來，就能從骰子主體中減去與
球體重疊部分的形狀，將 1 點刻在
骰子主體上。

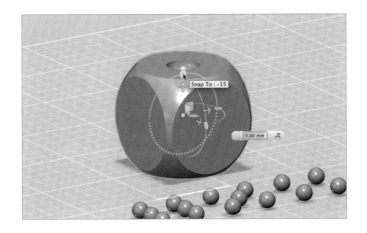

接著要刻上 6 點。點選骰子，選擇
「Move」。點擊旋轉指令（圖中的
圓形圖示）。

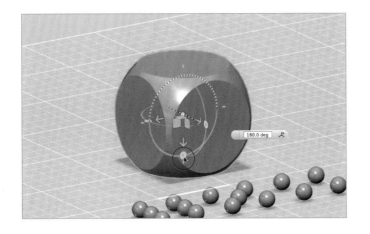

輸入角度「180deg（180°）」，
按下 Enter（Return）鍵，讓物件完
成轉動。

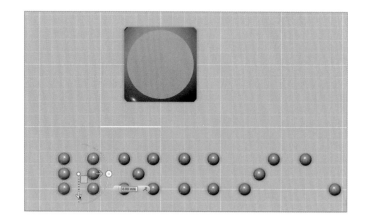

將視角變更為俯瞰視角，選擇 6 點，使用「Move」指令來移動。

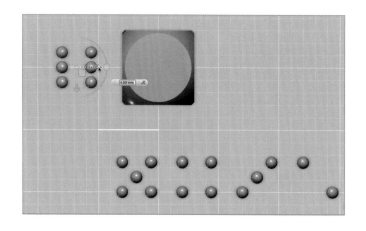

分別點擊水平和垂直的箭頭，並同時以目測方式將 6 點移動到中央位置。

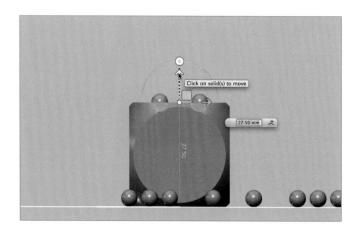

將視角變更為正面視角，與製作 1 點時相同，在垂直方向上，使用滑鼠將球體移動到突出約一半的位置。

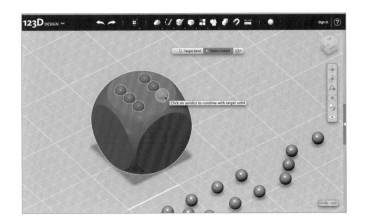

與製作 1 點時相同，使用 Combine 指令來將 6 點刻在骰子上。

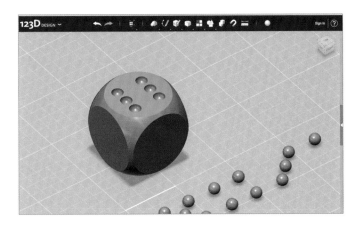

6 點完成了。

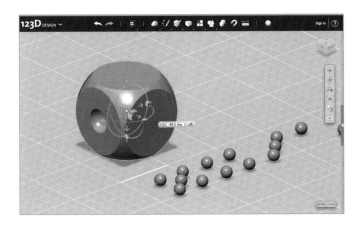

讓骰子主體垂直轉動，然後刻上其他點數。

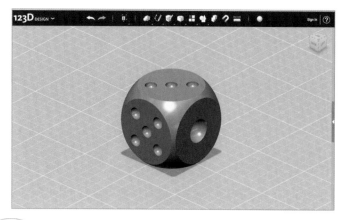

在骰子主體上刻上所有點數。基本建模就到此為止。辛苦了！

3-1-4 建模的最後加工

最後要進行圓角處理。藉由在各個稜角處進行圓角處理，就能更進一步地提昇模型的完成度。此方法能讓模型變得美觀，很值得推薦。

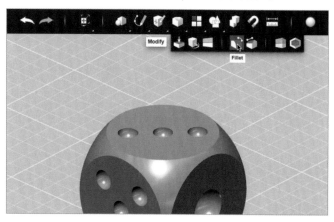

從「Modify」選單中選擇「Fillet」指令。

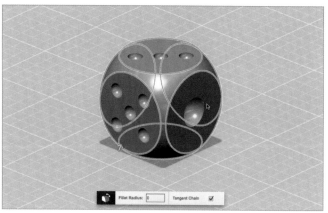

點選圖中的骰子主體的稜角處。

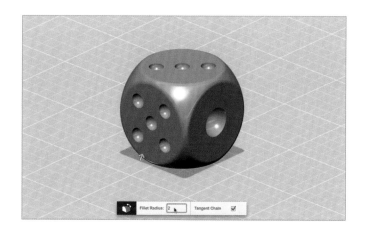

輸入「Fillet Radius：2」，按下
Enter（Return）鍵來完成運算。請
依照喜好來試著對此數值進行調整。
舉例來說，採用較大的圓角時，會給
人柔和的印象，採用較小的圓角時，
則會給人較尖銳的印象。另外，由於
骰子的易滾動性會隨著大小而改變，
所以請大家務必要嘗試各種尺寸。

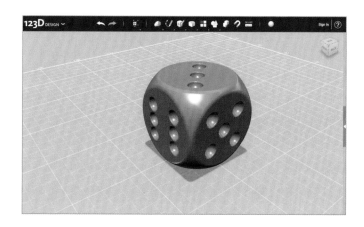

完成！

　　一旦完成了，就儲存吧。當然，在建模途中，我們也建議大家要經常儲存。另外，想要將已
完成的資料列印出來的人，首先要將資料輸出成 STL 格式（關於資料的儲存與輸出的詳細說明，
請參閱第 2 章的「2-3 試著使用 123D Design 吧」）。

　　此外，在第 6 章中，會針對 Replicator 2X 這種個人 3D 列印機，以及其他網路 3D 列印服務
進行解說，所以請大家務必要參閱該部分。

3 -2-1 鉚釘戒指

　　製作加上了鉚釘來當做裝飾的戒指模型。此建模的主要目的在於學習 4 種技巧。這 4 種技巧分別是，將平面圖形化為立體物件、有效率地反覆配置相同模式的物件、處理穿戴產品的稜角部分、分配顏色與質感，進行材料質感的模擬。

　　關於此模型的設定，材料採用銀，尺寸為 10 號（16mm）。當然，由於「能夠自訂尺寸、裝飾、材質」這一點也是 3D 列印的魅力，所以請大家應用此建模流程，試著製作出世界上獨一無二的產品。

【Fig3-2-1 透過 3D 列印製作而成的銀戒指】

規格

- 尺寸：10 號（直徑 16mm）
- 材質：銀
- 建模難易度：★⌇ 1.5 顆星

目的

- 指定尺寸，進行建模。
- 連續轉動、複製相同的模型。
- 試著套用 3D 列印中會使用到的材料。

使用到的指令

- Transform（Move）
- Primitive（Box/Circle）
- Sketch（Polyline）
- Construct（Sweep）
- Modify（Fillet/Chamfer）
- Pattern（Rectangular Pattern）
- Combine（Join）
- Materials

建模流程概要

① 製作戒指的基本形狀
② 鉚釘的製作與配置
③ 模型的最後加工
④ 渲染效果和 3D 列印材質的模擬

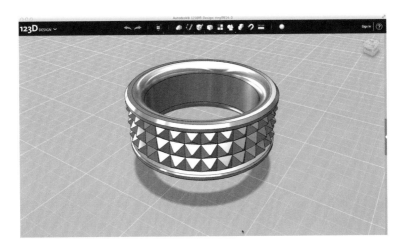

　　這就是完成圖。雖然形狀看起來非常複雜，但只要使用指令，就能輕易地迅速完成建模。帶著輕鬆的心情，試著開始動手吧！

3-2-2 製作戒指的基本形狀

首先要製作的是，用來當做戒指基本模型的甜甜圈模型。

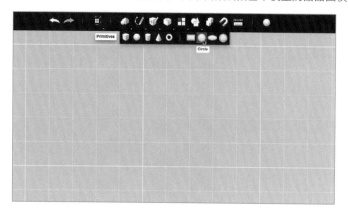

為了畫出用來當做基準的戒指內徑圓形，所以要從「Primitive」中選擇「Circle」。

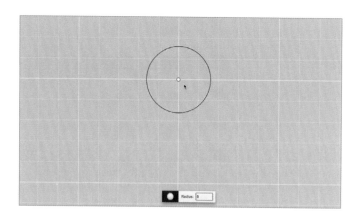

輸入戒指內徑「Radius（半徑）：8」，將物件配置在任意位置，按下 Enter（Return）鍵來決定位置。

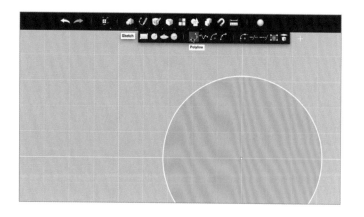

接著，要繪製戒指剖面圖的線。從「Sketch」中選擇「Polyline」。

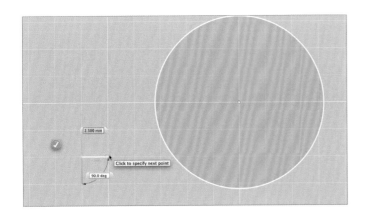

點擊任意場所來決定起點，並開始畫線。

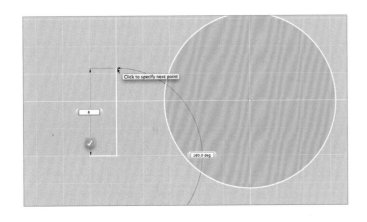

依照引導指南，在水平與垂直方向上決定基準點，畫出「U」字形的線條。將裝飾用的鉚釘嵌進剛才畫出來的這個「U」字形的凹陷部分。

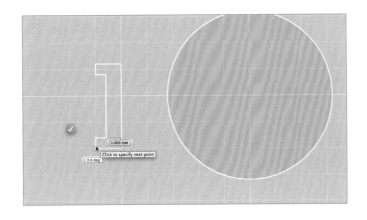

最後，只要將游標對準起點，按下右鍵，就能製作出閉合面

065

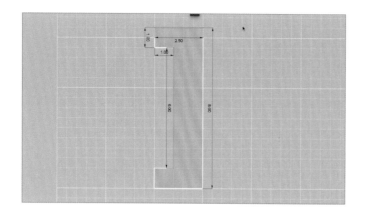

如同圖中那樣，指定尺寸。

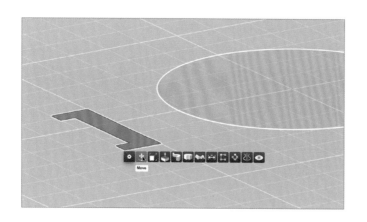

只要點擊製作好的剖面草圖，畫面上
就會顯示彈出式視窗。選擇其中的
「MOVE」。

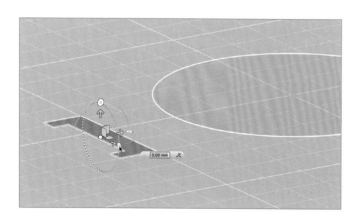

只要選擇「MOVE」，畫面上就會顯
示關於「移動／旋轉」的導引，所以
要點擊＆拖曳欲旋轉方向的點。

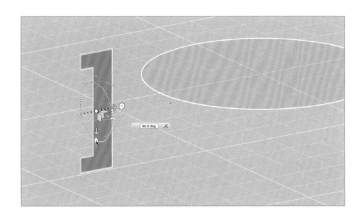

按住不放，讓物件轉動 90°
（90deg）。

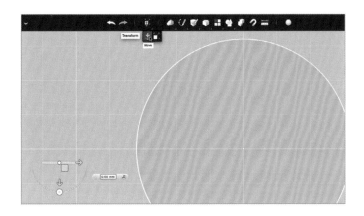

點選剖面草圖，從「Transform」當
中選擇「Move」。

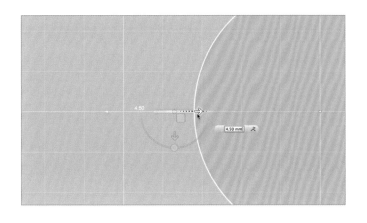

點擊箭頭，使其往「與一開始製作的
圓形的頂點相連的位置」移動。

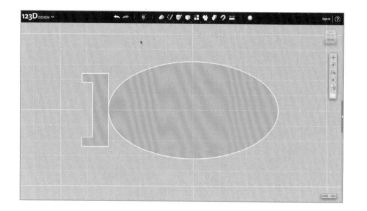

將這兩個面調整成這種相對位置。

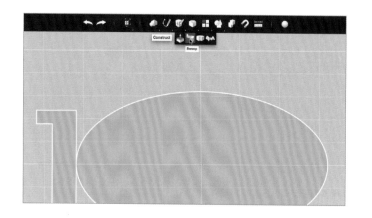

接著,要利用 2 個平面圖來製作立體物件。首先,從「Construct」中選擇「Sweep」,製作出依照路徑形成的立體物件。

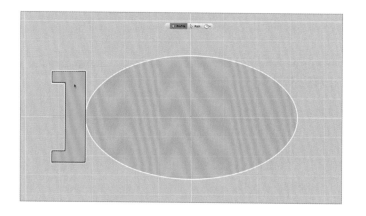

先在畫面上所出現的彈出式視窗中選擇「Profile」,再點選剖面草圖。

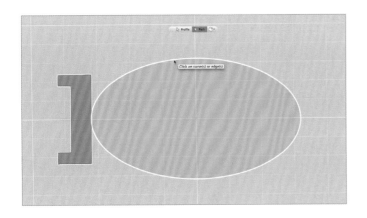

接著，先選擇「Path」，再點選圓形。

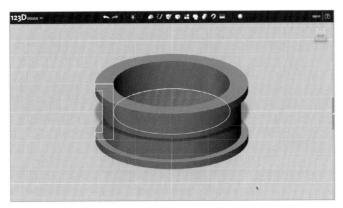

剖面草圖會將圓形當成軌道，轉動360°，這樣戒指的基本形狀就完成了。

-2-3 | 裝飾用鉚釘的製作與配置

接著，要製作裝在戒指上的鉚釘。

從「Primitive」中選擇「Box」。

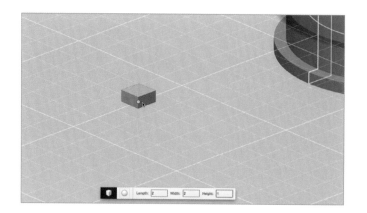

將游標移動到任意位置，輸入立方體的尺寸「Length:2 Width:2 Height:1」，按下 Enter（Return）鍵來決定數值。

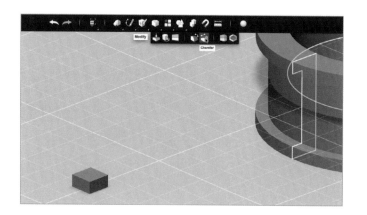

從「Modify」中選擇「Chamfer」，進行立體物件的倒角處理。倒角處理指的是，將立體物件的角削成斜的。

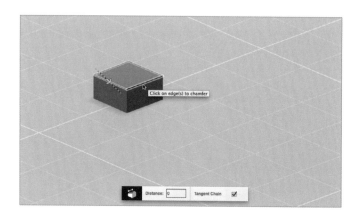

點選已製作好的 Box 的 4 邊。

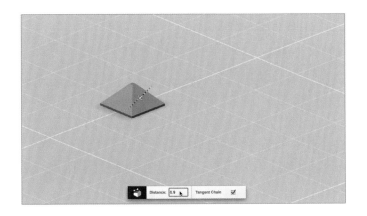

如同上述那樣，在彈出式視窗中輸入「Distance:0.9」，按下 Enter（Return）鍵表示確定。當 Distance 為 1.0 時，鉚釘的頂點會很尖銳。由於這樣很危險，所以要 Distance 設為 0.9，做成沒有頂點的形狀。

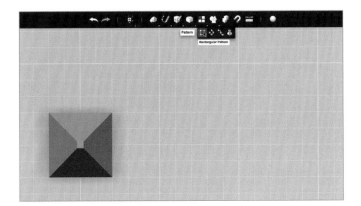

複製已完成的鉚釘。從「Pattern」中選擇「Rectangular」。關於「Pattern」的詳細介紹，請參閱骰子點數製作方法的那幾頁。

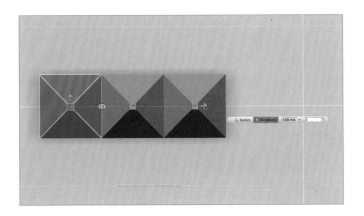

點擊水平方向的箭頭，輸入距離「4.00mm」和個數「3」。

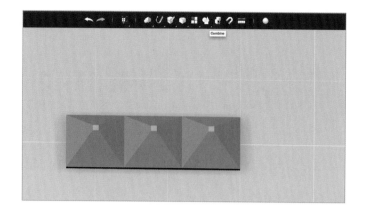

選擇「Combine」。

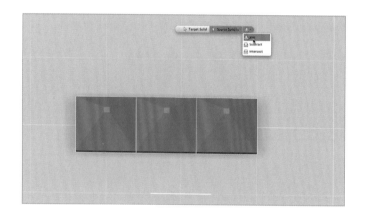

選擇 3 個鉚釘，點擊「Join」，將複數個立體物件結合成一個立體物件。

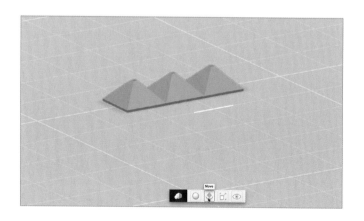

點選已結合為一的 3 個鉚釘，然後選擇彈出式視窗中的「Move」。

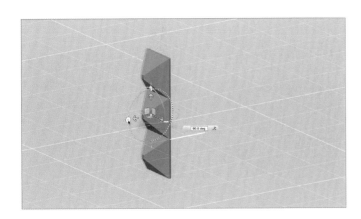

讓物件轉動 90°。

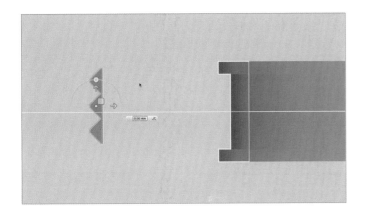

改變視角，點擊水平與垂直方向的箭
頭，使其移動。

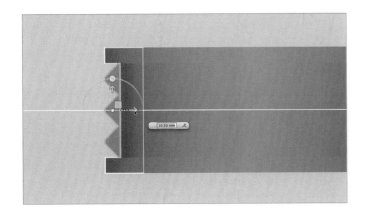

讓鉚釘移動到與「用來當做戒指基本
零件的底座凹陷部分」吻合的位置。

073

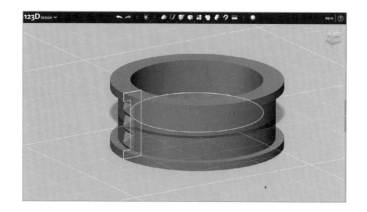

以其他視角來看，就會變成這樣。

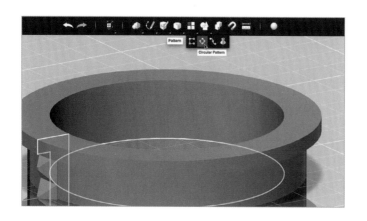

將鉚釘配置在戒指的整個外圍上。從「Pattern」中選擇「Circular Pattern」，將指定的立體物件連續排列在圓周方向上。

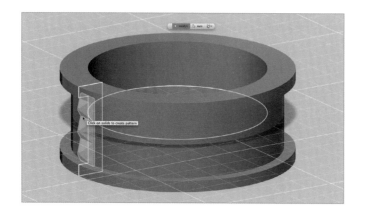

一開始，先選擇彈出式視窗中的「Solid/s」，再點選鉚釘。

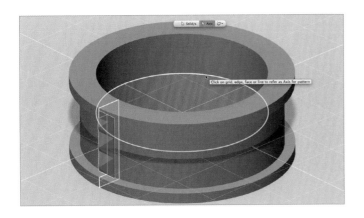

接著，先選擇「Axis」，再點選圓形。

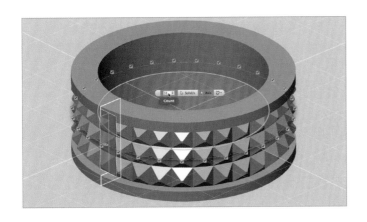

只要在「Count」中輸入「31」，戒指的整圈底座上就會鋪滿鉚釘

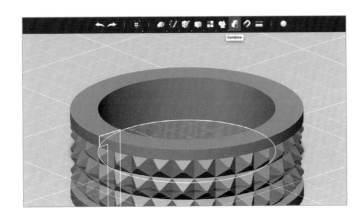

選擇「Combine」。

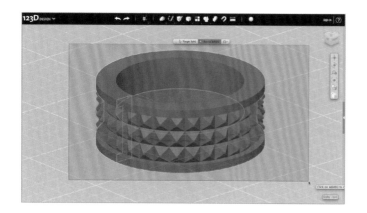

只要一邊按住左鍵，一邊框選整個戒指，並按下 Enter（Return）鍵，就能將鉚釘和戒指的基本形狀結合。

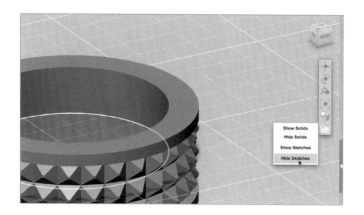

透過右側選單列中的「Hide Sketches」，就能將用不到的草圖隱藏起來。

方便的指令「Hide Sketches」

只要使用「Hide Sketches」指令，就能使模型變得更明顯、更容易點選。雖然也能將草圖刪除，但若是使用「Hide Sketches」指令的話，當我們想要修改、恢復形狀時，就能恢復之前的草圖，所以非常方便。

One Point!

3-2-4 ｜ 稜角的處理

最後要對稜角部分進行圓角處理。

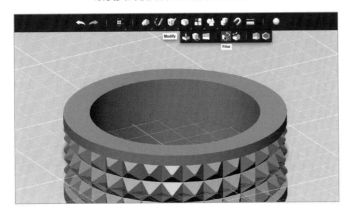

從「Modify」中選擇「Fillet」。

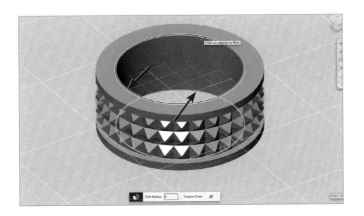

首先，選擇戒指內側的角。

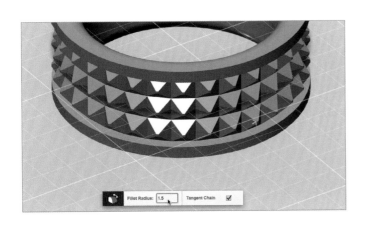

輸入「Fillet Radius:1.5」，按下
Enter（Return）鍵讓運算完成。為
了使人在脫戴戒指時不會感到疼痛，
在進行圓角處理時，要採用「1.5」
這種較大的 R（半徑）。

接著，從「Modify」選單中選擇
「Chamfer」。

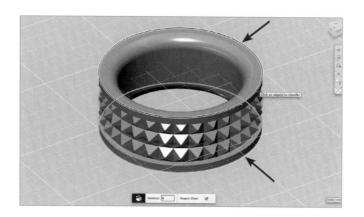

選擇外側的角。

輸入「Distance:0.4」，按下 Enter
（Return）鍵來完成運算。由於此處
是朝向最外側的角，所以有可能會在
不知不覺中撞到某物，使該物受損，
戒指本身也可能會損壞，所以要盡量
採用較大的倒角。要是採用「0.5」
以上的倒角，垂直面就會消失，因此
我們採用「0.4」的倒角。

再次選擇「Chamfer」，點選剩下的角。

輸入「Distance:0.2」，按下 Enter（Return）鍵來完成運算。即使不對內側的稜角進行倒角處理，在功能上也不會有問題。不過，為了讓整個模型具備一致性，所以還是會進行倒角處理。使用銀來進行 3D 列印時，在肉眼能夠辨識的範圍內，「0.2」這個數值是倒角的最小尺寸。這樣建模就完成了。

-2-5　加入渲染效果，模擬材料質感

套用材料，試著看看效果如何。

點選戒指，選擇「Materials」。

079

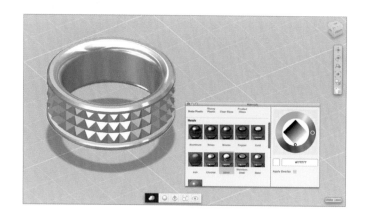

只要點選資料庫中的材料，模型的顏色、形狀、質感就會產生變化。

由於本模型預計要採用銀來列印，所以我們試著套用了與此假想相近的金屬色調‧質感。在進行 3D 列印時，我們可以進行簡單的模擬，檢查「是否有危險的銳角、模型是否有發揮金屬質感」等事項。

一旦完成後，就儲存吧。當然，在建模途中，我們也建議大家要經常儲存資料。想要列印已完成的資料的人，首先請將資料輸出成 STL 格式（關於儲存與輸出的詳細說明，請參閱第 2 章的「2-3 試著使用 123D Design 吧」）。

此外，在第 6 章中，會針對 Replicator 2X 這種個人 3D 列印機，以及其他網路 3D 列印服務進行解說，所以請大家務必要參閱該部分。

-3 | 來製作小花瓶的 3D 模型吧

-3-1 | 有機形狀的小花瓶

接著，來試著挑戰製作有機形狀的模型吧。這次要製作的模型是，以威士忌酒瓶為主題的小花瓶。本模型的造型是，縮小成 1/5 的小型威士忌酒瓶。

此建模工作的重點有兩項。第一為，模型內部是中空的。第二則是，形狀由圓滑的圓形所組成，沒有稜角。

藉由將「有機形狀的建模方法」與「在製作骰子和戒指模型時所學到的立方體和圓柱體的建模方法」組合起來，應該就能提昇設計的廣度！

【Fig3-3-1 3D 列印出來的小花瓶】

【Fig3-3-2 使用情況】

081

規格

- 尺寸：60mm×36mm×16mm
- 材質：陶瓷
- 建模難易度：★★（2 顆星）

目的

- 製作形狀圓滑的模型
- 製作中空的模型

使用到的指令

- Transform（Move）
- Primitives（Eclipse）
- Construct（Loft）
- Modify（Fillet）
- Combine（Intersect/Subtract）
- Scale（Non Uniform）

建模流程概要

① 指定剖面，製作出圓滑的形狀
② 使內部變成中空。

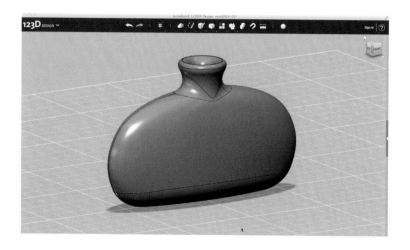

這就是完成圖。

3 -3-2 透過剖面圖來製作主體部分

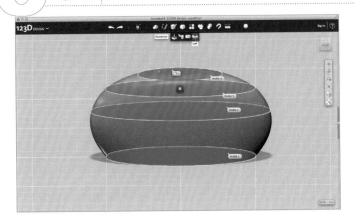

在此模型中，會使用到名為「Loft」的建模方法。透過此方法，能夠製作出由複數個剖面圖連接而成的形狀。首先，來製作各個剖面草圖吧。

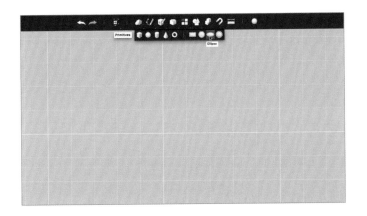

為了繪製用來當做瓶子剖面圖的橢圓形，所以要從「Primitive」中選擇「Eclipse」。

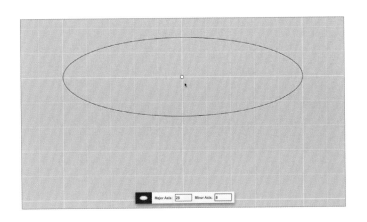

將游標移動到任意一點上，輸入「Major Axis:25 / Minor Axis:8」，按下 Enter（Return）鍵來決定座標。

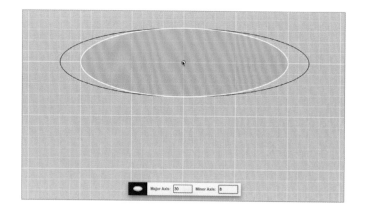

依照同樣訣竅，輸入「Major Axis:30
/ Minor Axis:8」，製作第 2 個剖面
草圖。請和一開始所製作的剖面圖一
樣，將其配置在中央位置。

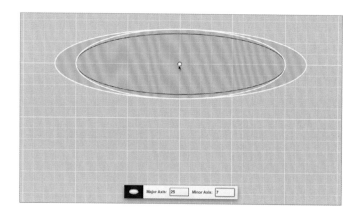

輸入「Major Axis:25 / Minor
Axis:7」，製作第 3 個剖面草圖。

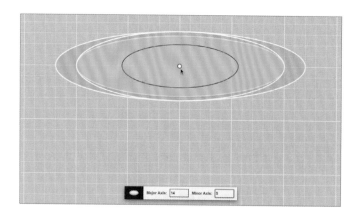

輸入「Major Axis:14 / Minor
Axis:5」，製作第 4 個剖面草圖。

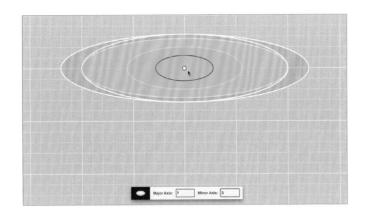

輸入「Major Axis:7 / Minor Axis:3」，製作第 5 個剖面草圖。如此一來，同一平面上就會產生 5 個橢圓形。

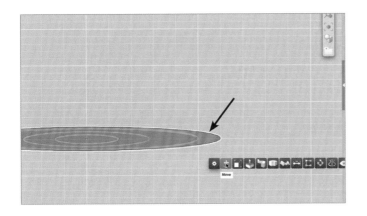

選擇「第 2 個完成，且位於最外側的橢圓形」，在畫面中所顯示的彈出式視窗內選擇「Move」。

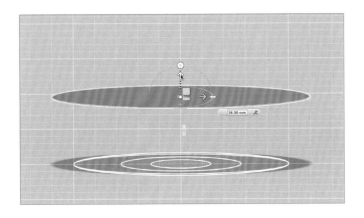

讓該物件朝著垂直方向移動「16.0mm」。

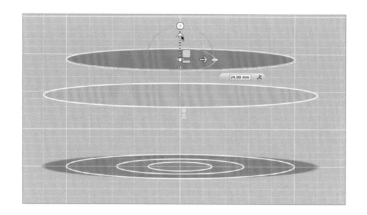

讓第 3 個完成的橢圓形朝著垂直方向移動「24.0mm」。

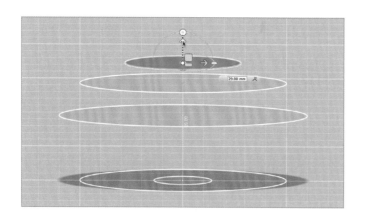

讓第 4 個完成的橢圓形朝著垂直方向移動「29.0mm」。

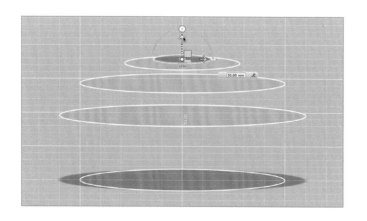

讓第 5 個完成的橢圓形朝著垂直方向移動「30.0mm」。

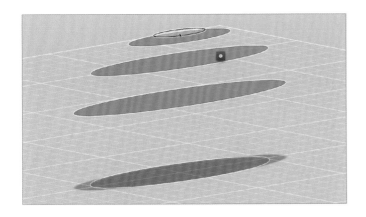

一邊按住 shift 鍵，一邊依序點選這
5 個橢圓形。

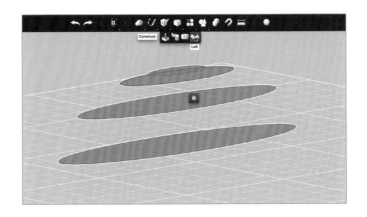

在 已 選 取 的 狀 態 下 ， 從
「Construct」中選擇「Loft」。

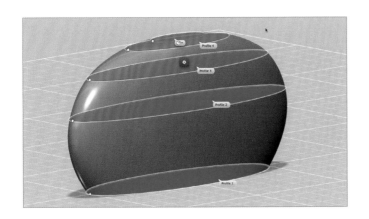

如同此圖那樣，製作出形狀圓滑的模
型。

087

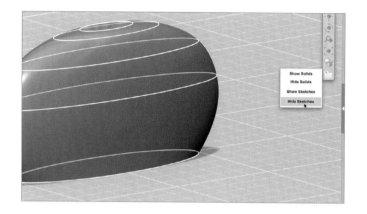

為了使立體物件變得較明顯，所以要使用右側導覽列中的「Hide Sketches」來將用不到的草圖隱藏起來。

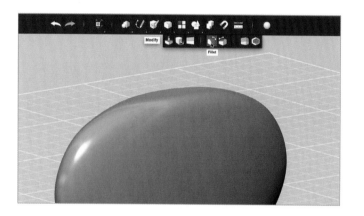

在頂面和底面進行圓角處理。從「Modify」中選擇「Fillet」。

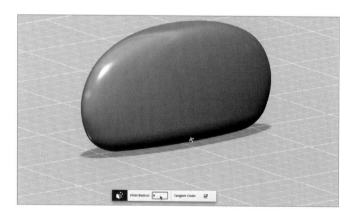

選擇底面的角，輸入「Fillet Radius:6」，按下 Enter（Return）鍵完成此步驟。

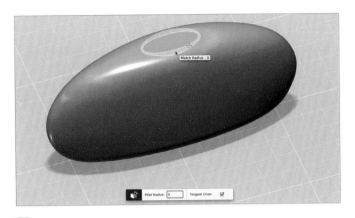

選擇頂面的角，輸入「Ｆｉｌｌｅｔ Ｒａｄｉｕｓ:3」，按下 Enter（Return）鍵完成此步驟。這樣一來，瓶子的主體部分就完成了。

3-3-3 製作瓶口部分

接著，要製作瓶口部分。

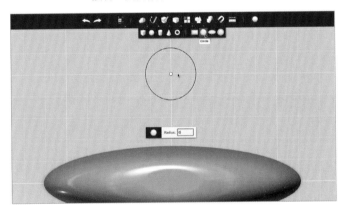

從「Primitive」中選擇「Circle」後，輸入「Radius:6」，按下 Enter（Return）鍵來表示確定。

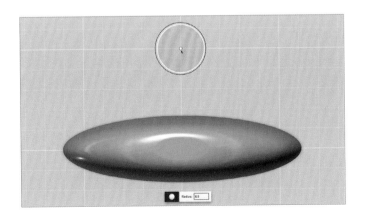

依照同樣的訣竅，輸入「Radius:6.5」，製作第 2 個圓形。

089

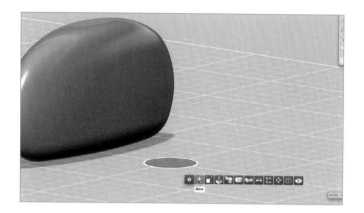

點擊第 1 個完成的較小圓形,選擇「Move」。

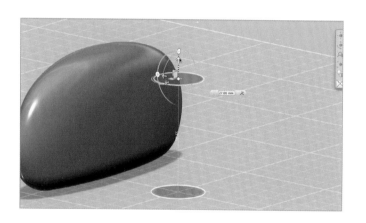

使其朝著垂直方向移動「27.0mm」。

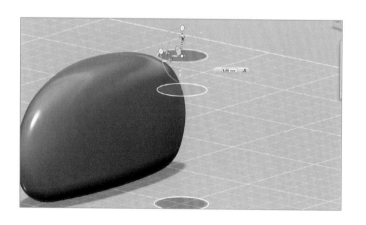

透過「複製(Win:Ctrl+C / Mac:command+C)→貼上(Win:Ctrl+V / Mac:command+V)」指令來複製移動後的圓形,使其朝著垂直方向移動8.0mm。

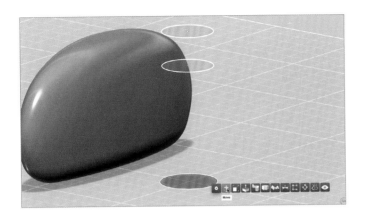

點擊第 2 個完成的較大圓形，選擇「Move」。

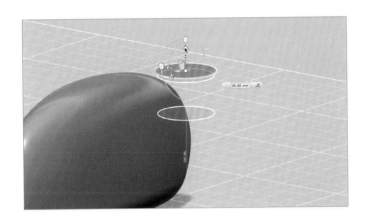

使其朝著垂直方向移動「36.0mm」。

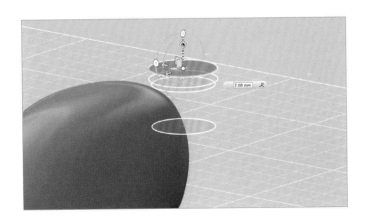

透過「複製→貼上」指令來複製移動後的圓形，使其朝著垂直方向移動「2.0mm」。

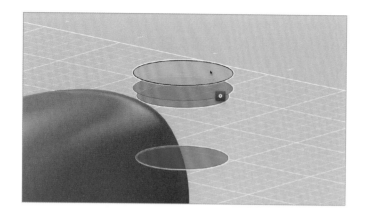

一邊按住 shift 鍵,一邊選擇全部 4
個圓形。

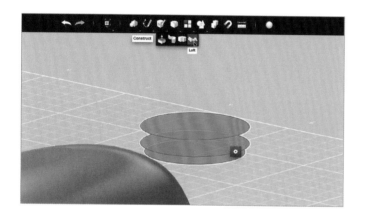

和製作主體時一樣,在已選取的狀態
下,從「Construct」中選擇
「Loft」。

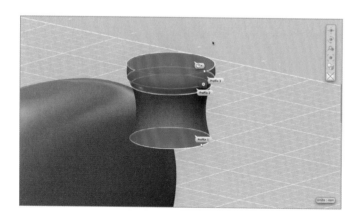

如同左圖那樣,製作出由 4 個圓所
構成的模型。

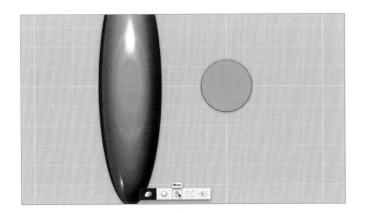

點擊瓶口部分，選擇「Move」。

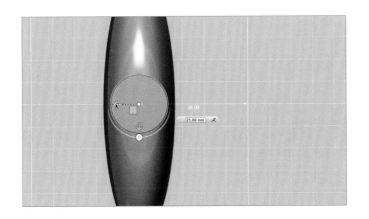

使其朝著水平方向移動，並將其配置在主體中央。

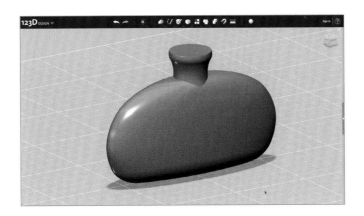

形狀變得看起來像瓶子。

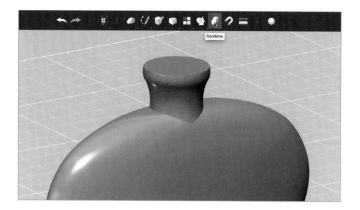

選擇「Combine」。

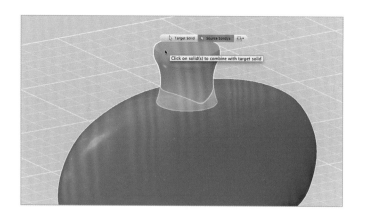

選擇 2 個模型,使其「Join（結合）」。

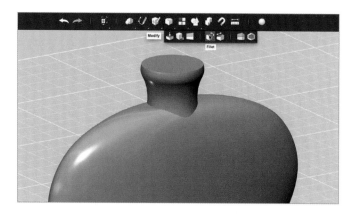

接著,要在 2 個模型的連接處進行圓角處理,使該處變得圓滑。

選擇連接處的角。

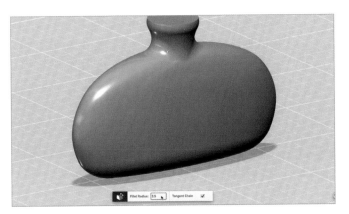

輸入「Fillet Radius:3.5」，按下
Enter（Return）鍵來完成運算。這
樣瓶子的外型就完成了。

-3-4 ｜ 讓內部變成中空

接著，為了讓內部變成中空，我們要使用減法指令（減法運算）來進行建模。

一般來說，只要使用「Shell」指
令，就能輕易地做出中空部分。不
過，當模型很複雜時，有時會發生錯
誤，所以在本模型中，我們採用了不
同的方法。在此方法中，我們會先製
作出小一號的主體，然後再用原本的
主體減去該部分。

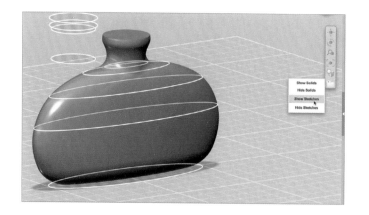

透過右側導覽列中的「Show Sketches」，讓原本隱藏起來的橢圓形顯示在畫面上。

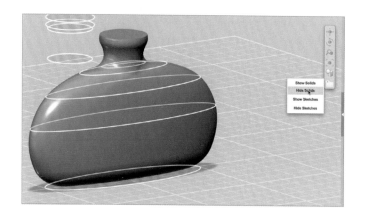

為了方便點選橢圓形，所以我們會用「Hide Solids」指令來將立體物件隱藏起來。

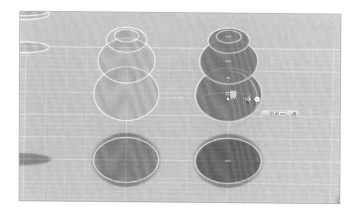

透過「複製→貼上」指令來複製一開始所製作的 5 個橢圓形，並將其移動到任意位置。

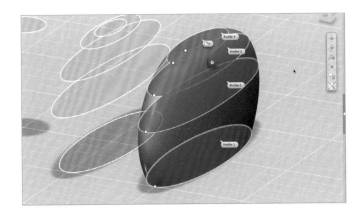

依照與剛才相同的訣竅，讓物件「Loft」。

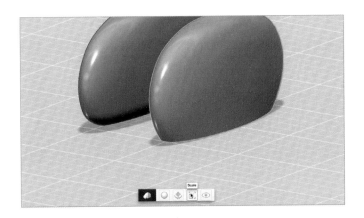

點擊經過「Loft」處理的模型，然後選擇「Scale」。

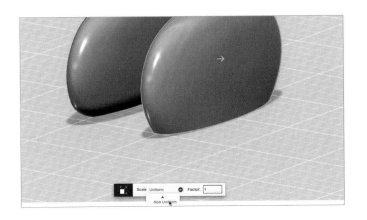

點擊「Scale」的箭頭，從下拉式選單中選擇「Non Uniform」。「Non Uniform」指的是，在變更模型的大小時，能夠改變、縮放縱橫比的指令。

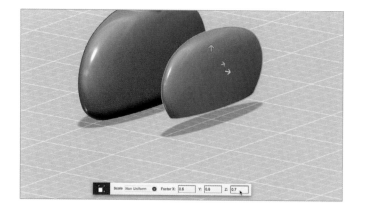

輸入「Factor X:0.6 / Y:0.8 / Z:0.7」，按下 Enter（Return）鍵表示確定。

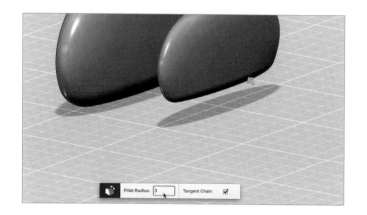

在底面進行圓角處理「Fillet Radius:3」。

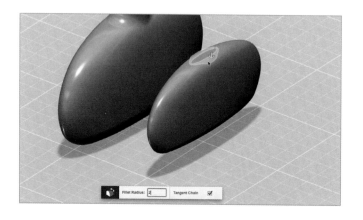

在頂面進行圓角處理「Fillet Radius:2」。

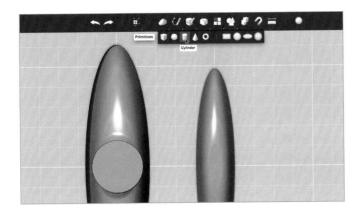

從「Primitive」選單中選擇「Cylinder」。

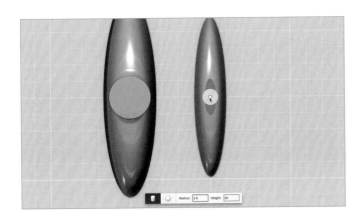

如同圖中那樣，將游標移到模型中央，輸入「Radius:2.5 / Height:20」，按下 Enter（Return）鍵表示確定。

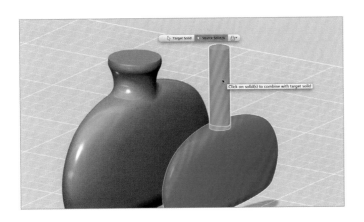

將已完成的「Cylinder」移動到與物件重疊的位置，透過「Combine」指令，讓 2 個模型結合。

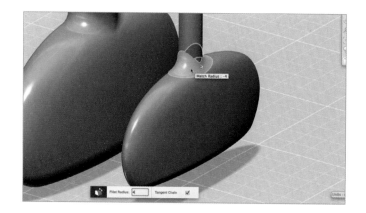

選擇連接處，進行圓角處理「Fillet Radius:4」。

使其朝著水平方向移動到瓶子中央。

估算厚度，調整垂直方向的位置。

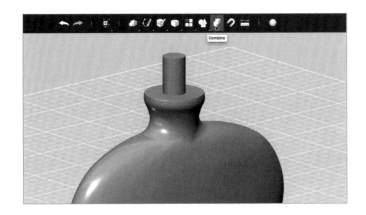

位置決定了之後，就選擇
「Combine」。

在「Target Solid」的狀態下，選取
外側的主體。

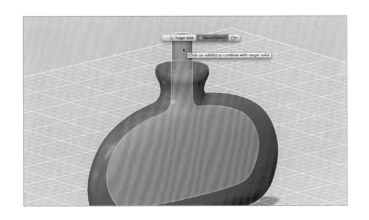

接著，在「Source Solid/s」的狀態
下，選取想要進行減法運算的模型。

點擊最右側的圖示，從選項中選擇「Subtruct」，按下 Enter（Return）鍵表示確定。

在瓶口內側進行圓角處理「Fillet Radius:3」。

最後，在瓶口外側進行圓角處理「Fillet Radius:1」，這樣就完成了。

請試著將透明材料套用到模型上，確認裡面是否為中空。

　　一旦完成後，就儲存吧。當然，在建模途中，我們也建議大家要經常儲存資料。想要列印已完成的資料的人，首先請將資料輸出成 STL 格式（關於儲存與輸出的詳細說明，請參閱第 2 章的「2-3 試著使用 123D Design 吧」）。

　　此外，在第 6 章中，會針對 Replicator 2X 這種個人 3D 列印機，以及其他網路 3D 列印服務進行解說，所以請大家務必要參閱該部分。

第4章

製作複雜的產品
（建模進階篇）

在本章中，我們要一邊運用在第 3 章中學到的技巧與訣竅來掌控尺寸，一邊製作形狀複雜的產品的模型。

在製作玩具車、玩偶等含有「透過將多項零件組合來實現旋轉等功能的可動構造」的產品時，我們會加入驚奇、趣味等呈現手法。另外，在製作 iPhone 保護殼的過程中，我們會透過進行縝密的尺寸輸入工作，來學習細緻的建模技巧。

雖說很複雜，但建模的過程都是由基本的操作組合而成。不需要困難的技巧與專業知識。重要的技巧和初級篇一樣。為了將想要描繪的形狀做成正確的立體物件，並流暢地應用，請試著挑戰進階訓練吧。

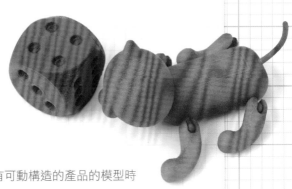

閱讀本章的時機

☐ 想要將多項零件組合起來，製作出含有可動構造的產品的模型時
☐ 想要學會需具備「縝密的尺寸輸入能力」的建模技巧時

4-1-1 可開關車門的玩具車

在第 3 章中，我們以「製作出形狀固定的模型」為目標，在本章中，我們則要製作多項可動零件，並將其組合起來。藉由學會這種技巧，就能製作出可動式產品的模型。

首先，我們要製作玩具車這類簡單玩具的模型。然後加入可轉動的前後車輪、可開關的車門。基於 3D 列印的考量，各部分的模型要分開製作。進行建模工作時，重點要放在材料與成型物件的組裝上，而且也要考慮到結構和尺寸。我們也建議大家可以依照喜好來調整主體、車窗、車輪。

【Fig4-1-1 玩具車完成照片】

規格

- 尺寸：100mm×48mm×80mm
- 材質：尼龍樹脂
- 建模難易度：★★★（3 顆星）

目的

- 製作可轉動結構／可開關車門的模型
- 基於列印材質與組裝的考量來製作模型資料

使用到的指令

- Transform（Move）
- Primitive（Box/Cylinder）
- Sketch（Rectangle/Circle/Polyline）
- Construct（Extrude）
- Modify（Press Pull/Fillet/Chamfer）
- Pattern（Mirror/Rectangular Pattern）
- Combine（Join/Subtract）
- Snap

建模流程概要

① 製作車子主體形狀（單側）
② 製作車門形狀（單側）
③ 透過鏡射處理來完成建模工作
④ 製作車輪的模型
⑤ 確認完成圖

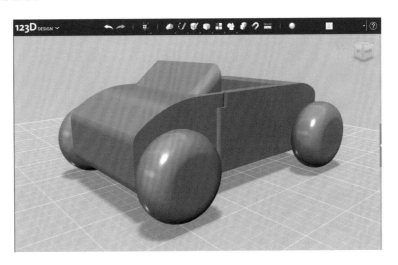

請挑戰看看吧！

首先，請試著製作車子主體的模型吧。由於形狀為左右對稱，所以我們只製作單側，之後再進行「翻轉複製處理」，將模型組合起來。

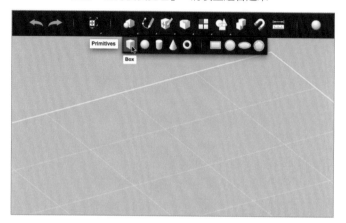

首先，從「Primitive」中選擇「Box」。

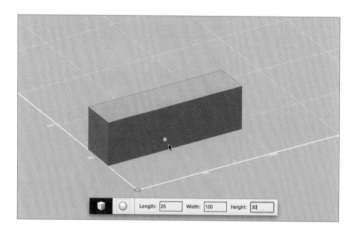

將游標移動到任意位置，輸入立方體的尺寸「Length:25 Width:100 Height:30」，按下 Enter（Return）鍵表示確定。這就是車子主體（單側）的基本區塊。我們會持續對此處使用塑型指令。

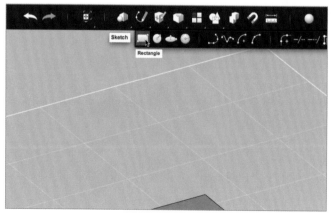

從「Sketch」中選擇「Rectangle」。

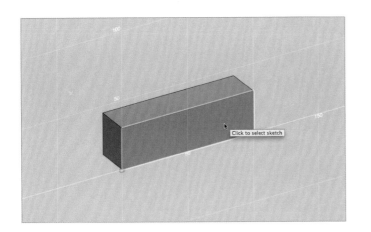

點選長方體的側面，然後選擇「繪製草圖用的平面」。

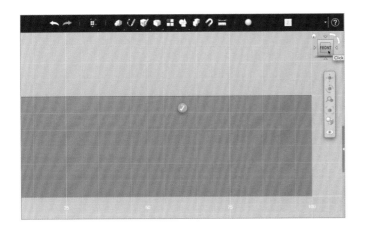

從「View Cube」選單中選擇「FRONT」，將視角調整為正面視角。將物件放大到格子間隔變為 5mm 為止。可以透過畫面上所顯示的數值來確認格子間隔。

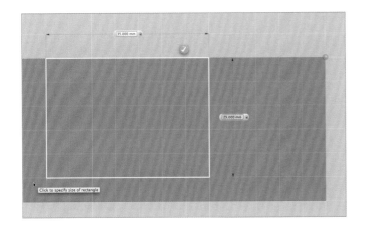

從與右上角相距 25mm（5 個格子）的點製作 35mm×25mm 的長方形。

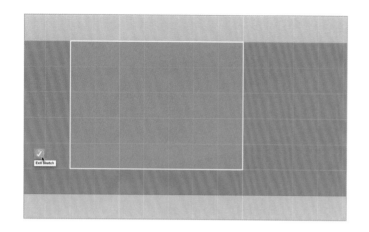

點選「Exit Sketch」，完成此步驟。

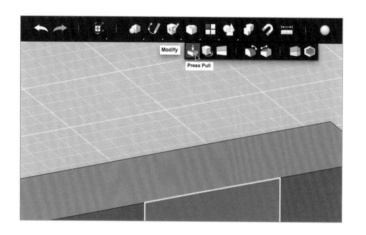

從「Modify」中選擇「Press Pull」。

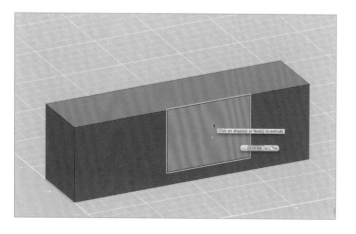

選擇剛才畫的長方形。

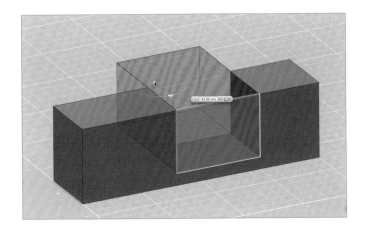

用滑鼠來拖曳游標，刪除立方體。

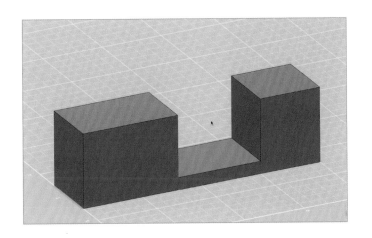

刪除完畢後，接著再按下 delete 鍵
來刪除長方形草圖吧。

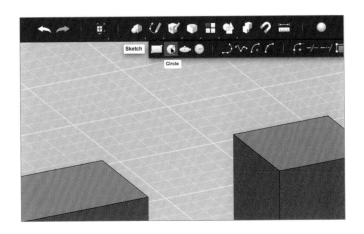

這次要從「Ｓｋｅｔｃｈ」中選擇
「Circle」。

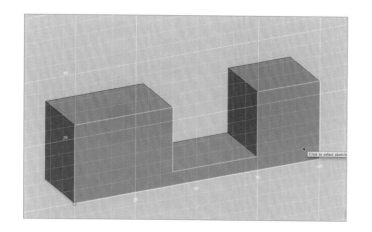

點選長方體的側面，然後選擇「繪製草圖用的平面」。

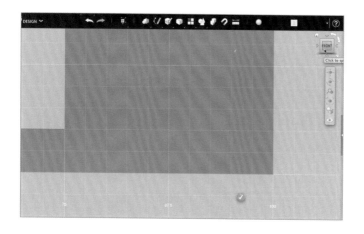

從「Ｖｉｅｗ　Ｃｕｂｅ」選單中選擇「FRONT」，將視角調整為正面視角。將物件放大到格子間隔變為2.5mm 為止。

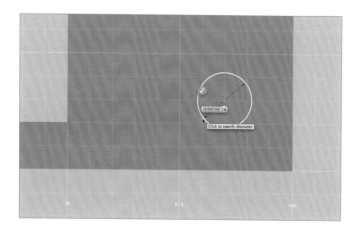

從與右上角相距 7.5mm×7.5mm（3×3 個格子）的點製作直徑 6mm 的圓形。點選「Exit Sketch」，完成此步驟。

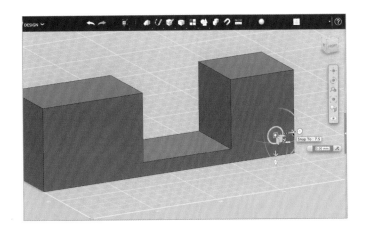

選擇圓形，執行「複製→貼上」指令。點擊畫面上所顯示的水平箭頭。

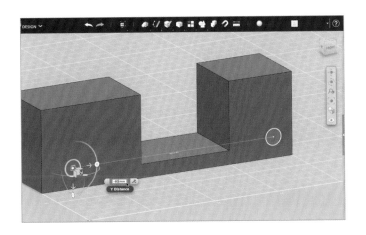

輸入「-80mm」，使其移動。

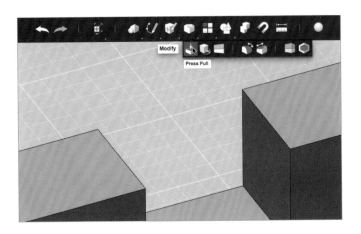

從「Modify」中選擇「Press Pull」。

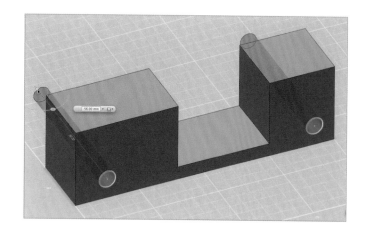

選擇剛才畫的圓形,進行拖曳,在物件上打洞。打完洞後,就刪除圓形草圖吧。

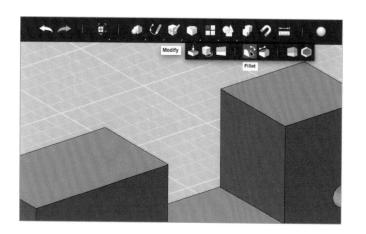

從「Modify」中選擇「Fillet」。

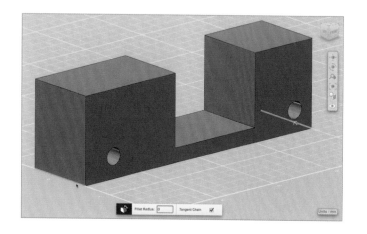

選擇模型底部的 2 個角(參閱圖片)。

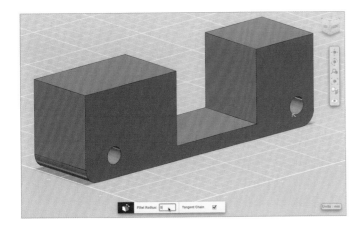

輸入「Fillet Radius:5」。

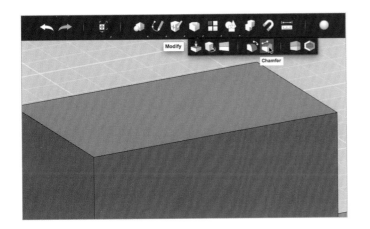

從「Modify」中選擇「Chamfer」。

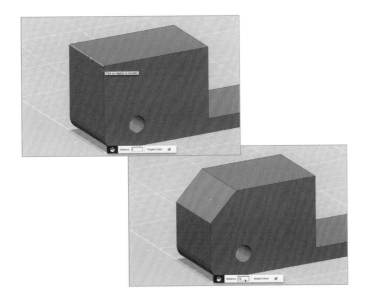

選擇前方的角，並輸入「Distance:10」，進行倒角處理。

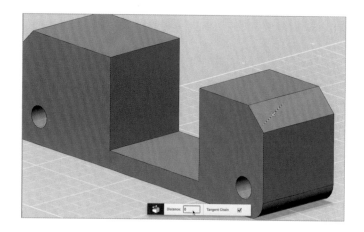

同樣地在對面的邊緣處，從
「Modify」選單中執行「Chamfer」
指令，輸入「Distance:6」，進行倒
角處理。

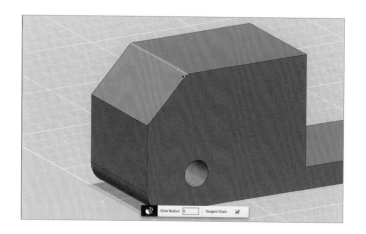

回到前方的倒角形狀部分，對圖中所
顯示的角進行圓角處理。

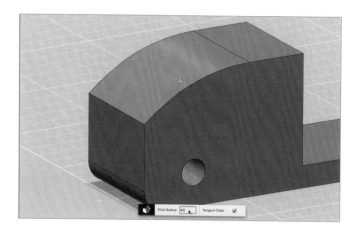

輸入「Fillet Radius:40」。

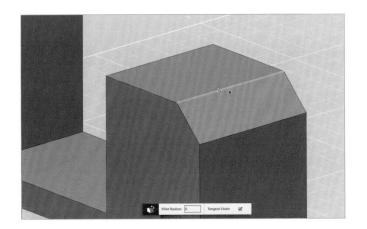

同樣地選擇對面的倒角形狀部分的
角，進行倒角處理。

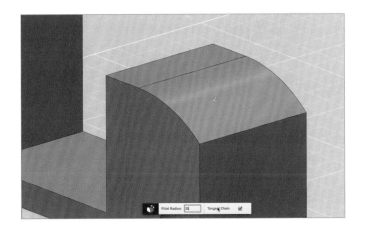

輸入「Fillet Radius:25」。

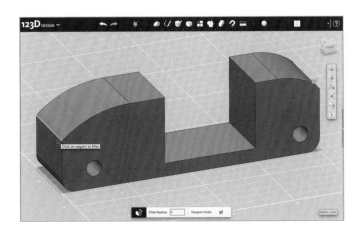

選擇最前方與最後方的角，進行倒角
處理。

117

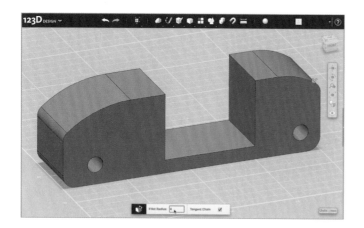

這邊要輸入「Fillet Radius:4」。

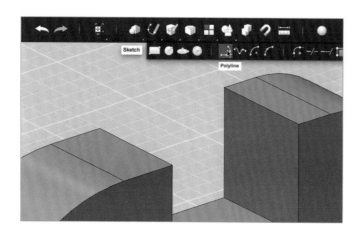

接著,要製作前車窗。首先,從繪圖開始。從「Sketch」選單中選擇「Polyline」。

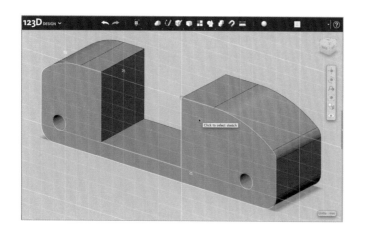

在主體內部的側面選擇「繪製草圖用的平面」。

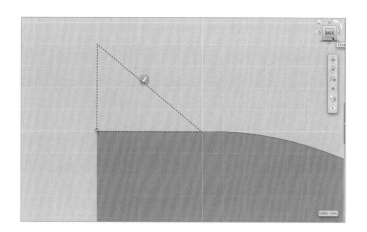

從「View Cube」選單中選擇
「BACK」，將視角調整為正面視
角。將物件放大到格子間隔變為
2.5mm 為止。

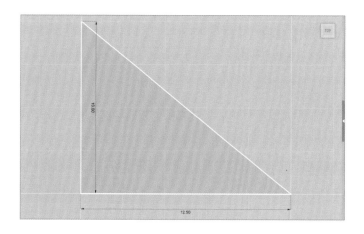

在剛才那個圖像的虛線位置上輸入左
圖中的尺寸，繪製三角形。點選
「Exit Sketch」，結束 Sketch 步
驟。

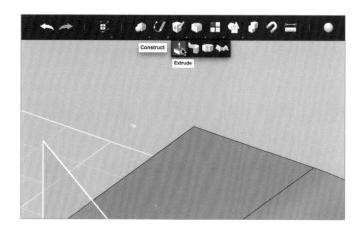

從「Construct」選單中選擇
「Extrude」。

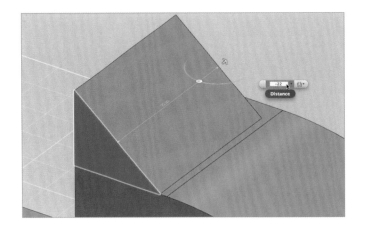

選擇三角形草圖，並輸入
「-22mm」，擠出三角柱形狀。形
狀製作完畢後，就將草圖刪除吧。

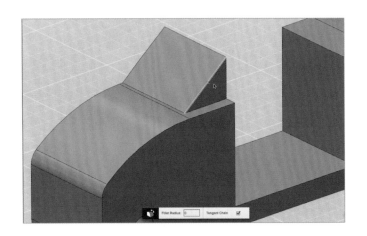

將視角轉回到表面，點選剛才透過
「擠出」指令製成的三角柱的稜角，
進行圓角處理。

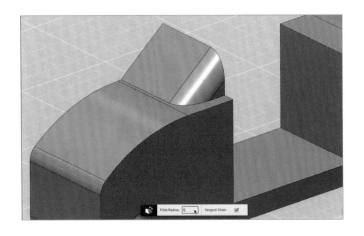

輸入「Fillet Radius:5」。

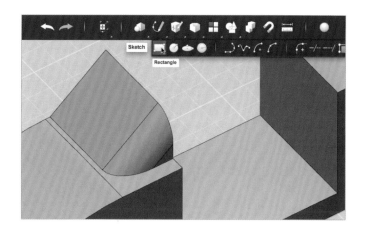

接下來要製作車門鉸鏈的部分。從
「Sketch」中選擇「Rectangle」。

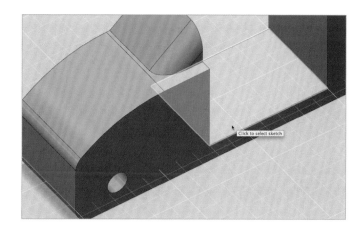

依照指標（pointer）的指示，將主
體的該面選為「繪製草圖用的平
面」。

將物件放大到格子單位變為 0.5mm
為止。選擇圖中所指示的稜角。

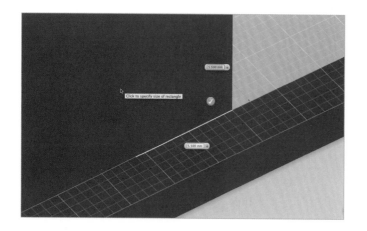

以剛才那個角為起點，製作成
5.5mm×5.5mm 的長方形。

點選「Exit Sketch」，結束此步驟。

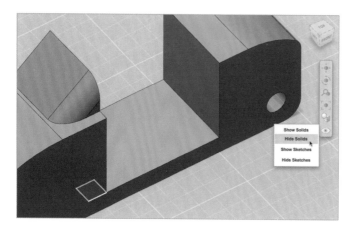

從導覽列中選擇「Hide Solids」，
讓畫面上只顯示剛才所製作的正方形
草圖。

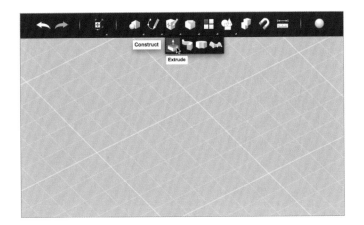

從「Construct」選單中選擇
「Extrude」。

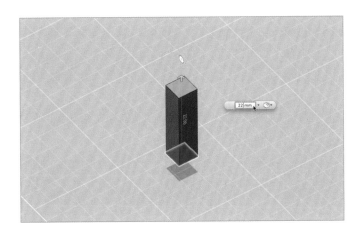

選擇正方形草圖，輸入「22mm」，
製作出長方體的形狀。製作完成後，
就將草圖刪除吧。

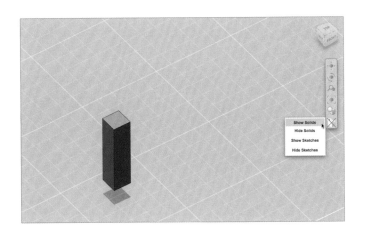

從導覽列中選擇「Show Solids」，
讓原本隱藏起來的主體形狀再次顯
示。

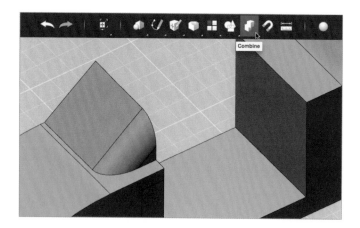

選擇「Combine」。

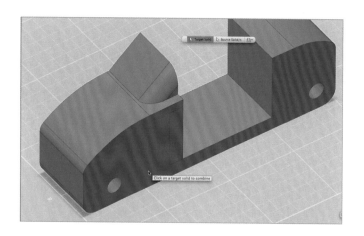

選擇「Target Solid」，點選主體形狀。

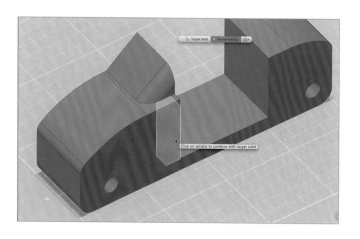

點擊「Source Solid/s」，點選長方體形狀。

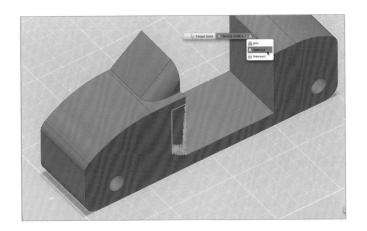

點擊最右側的圖示，從選項中選擇
「Subtract」。

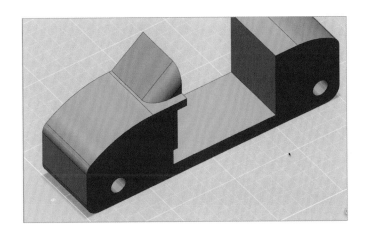

按下 Enter（Return）鍵，完成此塑
型步驟。

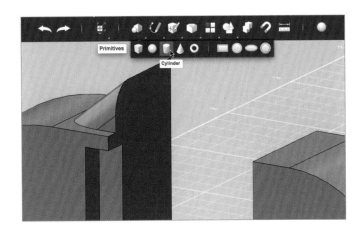

接著，從「Primitive」中選擇
「Cylinder」。

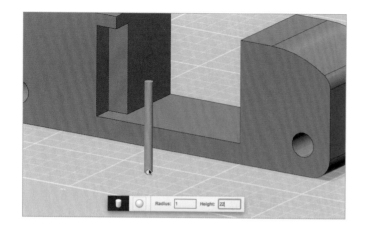

輸入「Ｒａｄｉｕｓ：１」、
「Ｈｅｉｇｈｔ：２２」，按下 Enter
（Return）鍵來完成此步驟。

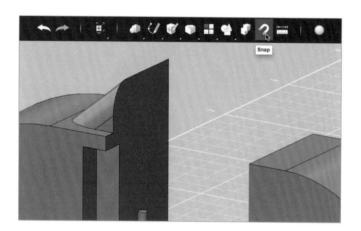

選擇「Snap」。

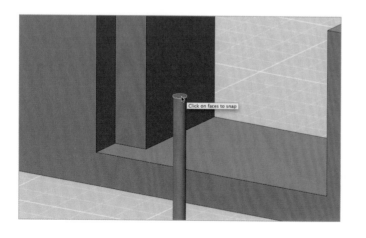

選擇剛才製作出來的圓柱體頂部。

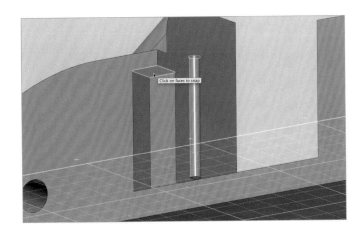

接著，依照指標的指示，選擇主體這邊的正方形平面。

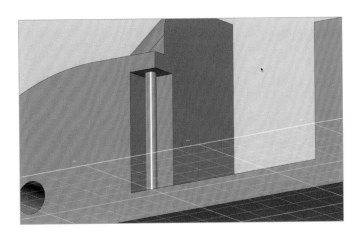

如此一來，圓柱體就會自動地移動到位於中央的正方形平面上。

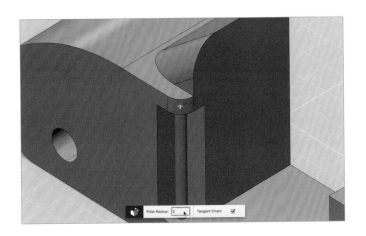

依照圖中指示，在稜角處輸入「Fillet Radius:3」，進行圓角處理。

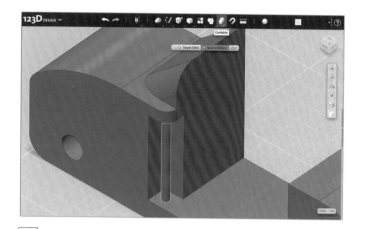

最後，透過「Combine」指令，讓主體部分和圓柱體結合。這樣主體的建模就完成了。稍後會進行翻轉複製處理。

4-1-3 製作車門形狀（單側）

接下來，要製作車門的模型。

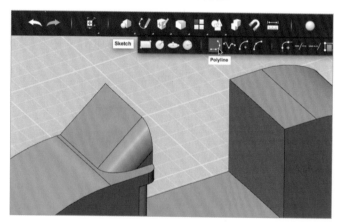

從「Sketch」中選擇「Polyline」。

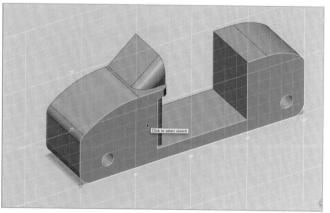

將主體側面選為「繪製草圖用的平面」。

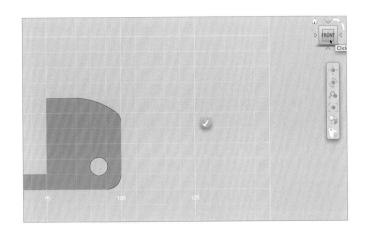

從「View Cube」選單中選擇
「FRONT」，以主體後方為基準，
進行放大。

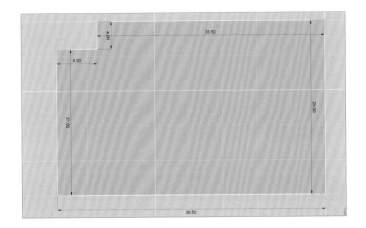

參考左圖中的尺寸，在任意位置製
圖。選擇「Exit Sketch」，結束
Sketch 步驟。

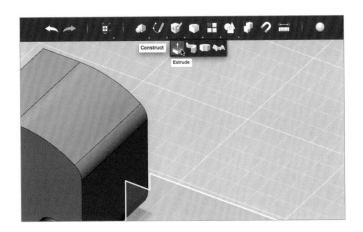

從「Construct」選單中選擇
「Extrude」。

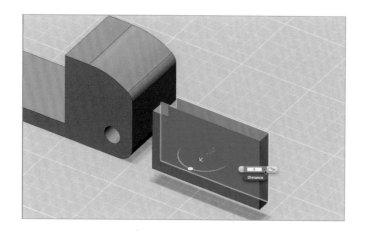

選擇草圖，輸入「5mm」，擠出立
體形狀。完成後，就將草圖刪除吧。

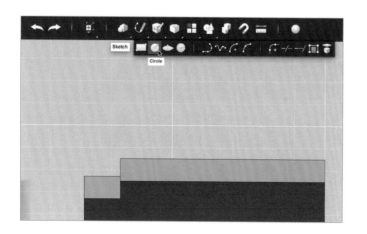

從「Sketch」中選擇「Circle」。

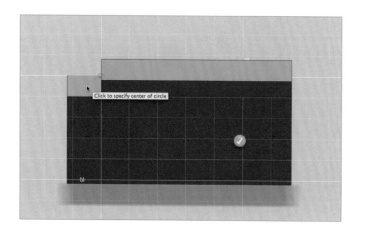

將圖中所指示的平面選為「繪製草圖
用的平面」。

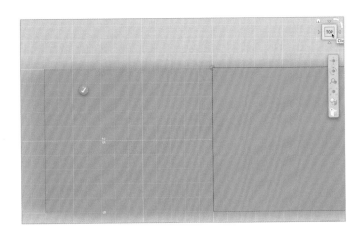

從「View Cube」中選擇「TOP」，
將物件放大到格子單位變成 0.5mm
為止。

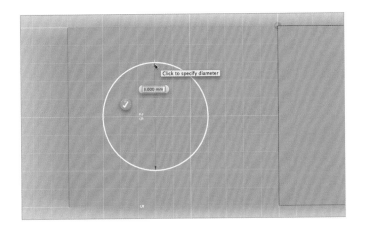

以圖中的格子位置為參考，製作直徑
3mm 的圓形。按下「Exit Sketch」
結束此步驟。

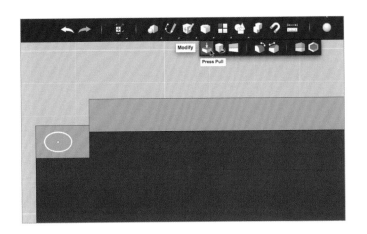

從「Modify」中選擇「Press
Pull」。

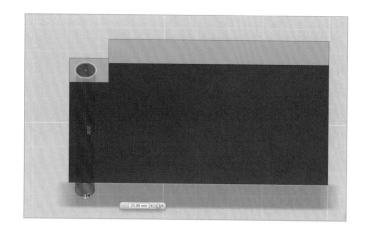

點選繪製完成的圓形草圖，用滑鼠拖曳，在物件上打洞。打完洞後，就將草圖刪除吧。

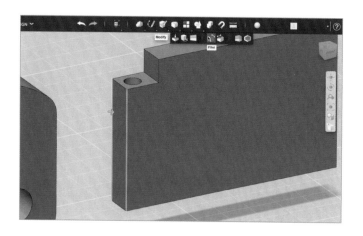

選擇前方的 2 個角，進行圓角處理。

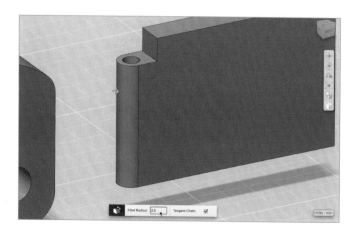

輸入「Fillet Radius:2.5」，按下Enter（Return）鍵完成此步驟。

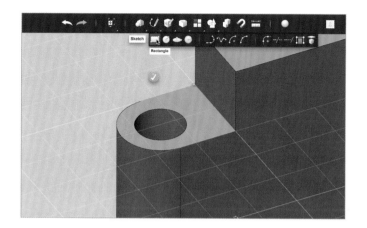

接著，從「Sketch」中選擇「Rectangle」，跟繪製剛才的圓形時一樣，將此面選為「製圖用平面」。

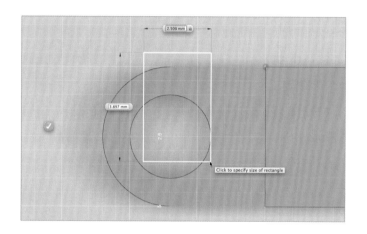

將顯示模式改成俯瞰視角，在任意位置繪製寬度 2.5mm 的長方形。高度可參考左圖，隨意即可。選擇「Exit Sketch」，結束此步驟。

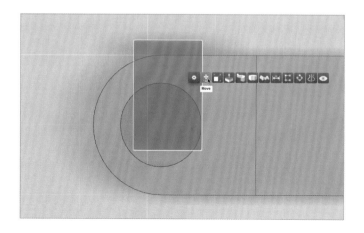

點選長方形草圖，然後選擇「Move」。

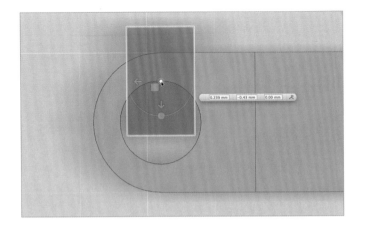

以目測方式來移動圓孔，使其和中心
對齊（沒有特別準確也無妨）。

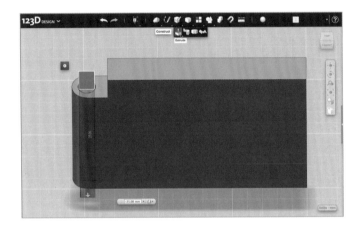

從「Construct」選單中選擇
「Extrude」，透過滑鼠拖曳的方式
來進行加工。完成後，就將草圖刪除
吧。剛才所製作的圓孔採用了
「Modify」選單中的「Press Pull」
指令，在此處也能進行同樣的加工處
理。

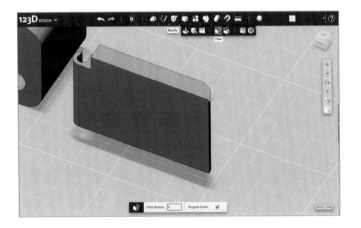

對圖中所指示的稜角進行圓角處理
「Fillet Radius:5」。這樣一來，車
門的建模就完成了。

4-1-4　透過鏡射處理來完成建模工作

進行鏡射處理，完成主體和車門的建模工作吧。

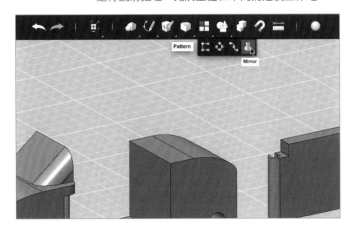

從「Patterns」中選擇「Mirror」。

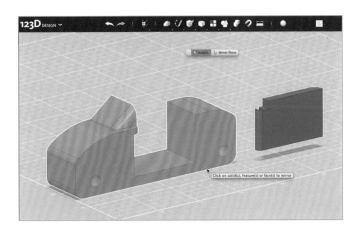

點選「Solid/s」，選擇主體和車門。

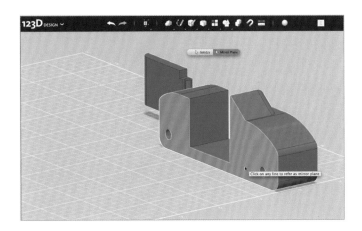

點選「Mirror Plane」，選擇主體另一邊的側面。

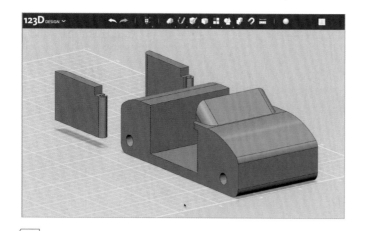

執行翻轉複製處理。這樣一來，主體與車門的建模工作就完成了。接著，還要再稍微努力一下！

4-1-5 製作車輪

最後，要製作車輪與車軸的模型。

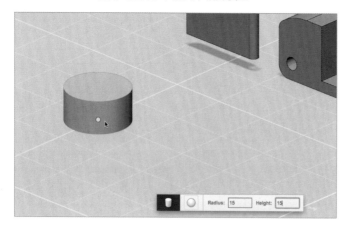

從「Primitive」選單中選擇「Cylinder」，然後在任意位置輸入「Radius:15」、「Height:15」，按下 Enter（Return）鍵完成此步驟。

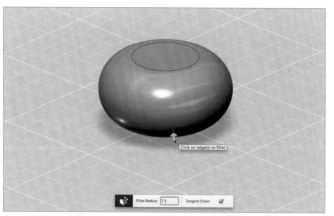

選擇上下兩邊的稜角，輸入「Fillet Radius:7.5」來進行圓角處理，按下 Enter（Return）鍵完成此步驟。

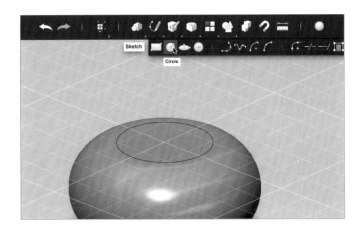

接著，從「Sketch」中選擇「Circle」。

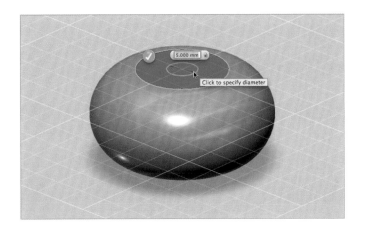

將頂面選為製圖用平面，在中央繪製直徑 5mm 的圓形。

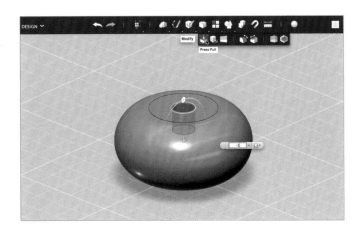

從「Modify」中選擇「Press Pull」，挖出一個深度 5mm 的圓孔。圓孔完成後，就將草圖刪除吧。

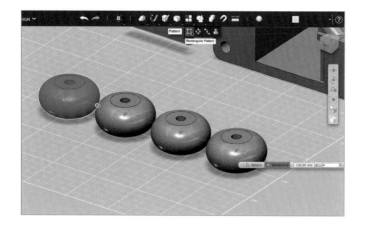

從「Pattern」中選擇「Rectangular Pattern」，複製出 4 個車輪。

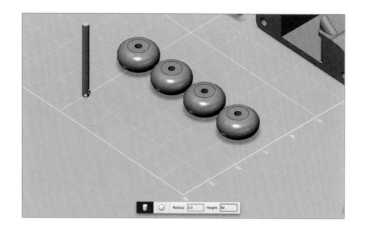

接著，要製作車軸的模型。從「Primitive」中選擇「Cylinder」，然後在任意位置輸入「Radius:2.5」、「Height:60」，按下 Enter（Return）鍵完成此步驟。

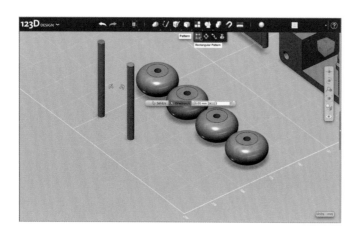

同樣地從「Pattern」中選擇「Rectangular Pattern」，複製出 2 個車軸。

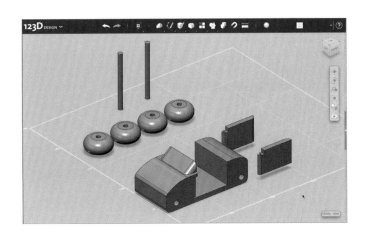

這樣一來，建模工作就完成了。辛苦了！

　　一旦完成後，就儲存吧。當然，在建模途中，我們也建議大家要經常儲存資料。想要列印已完成的資料的人，首先請將資料輸出成 STL 格式（關於儲存與輸出的詳細說明，請參閱第 2 章的「2-3 試著使用 123D Design 吧」）。

　　此外，在第 6 章中，會針對 Replicator 2X 這種個人 3D 列印機，以及其他網路 3D 列印服務進行解說，所以請大家務必要參閱該部分。

4-1-6 | 確認完成圖

　　進行 3D 列印時，各部分是分開列印的。為了確認完成圖，請試著在空間中移動、組合物件吧。

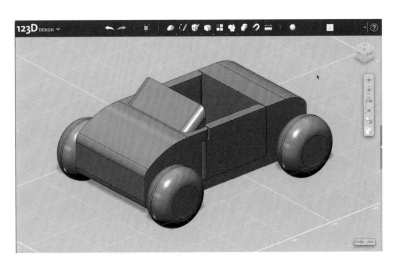

進行 3D 建模時，請運用游標尺吧！！

在電腦上使用 3D 軟體來建模時，無論如何都很難理解物件的尺寸。這是因為，根據 3D 軟體的種類，畫面上所顯示的遠近感、光影效果會與實際情況不同。

試著列印後，有時會發生「厚度不夠、立刻就會損壞……」等情況。為了盡量避免這類情況發生，請大家運用游標尺吧。

一邊測量文具、杯子、手機等日常生活中的物品，透過實物來掌握厚度，一邊在 3D 軟體中輸入尺寸，是一種非常有效的方法。此時，由於物件強度會隨著材質而改變，所以要特別留意。

One Point!

-2-1 手腳能夠自由活動的貓玩偶

　　在本章節中，試著來製作貓玩偶的模型吧。我們要在四根手腳上製作球型關節，讓模型能夠自由活動。上一章節的玩具車所具備的旋轉功能只是單一方向，這次我們要挑戰製作「能自由地朝向各個方向轉動的結構」。只要能夠運用這項技巧，就能製作出貓以外的其他動物與人物的模型。

　　最後，還要依照 3D 列印材質來變更連接部分的空隙（clearance），並調整組裝難易度與可動部位的流暢度。在此模型中，我們採用的是，間隔相當大的尺寸。

【Fig4-2-1 貓玩偶的完成照片】

規格

- 尺寸：62.9mm×33.9mm×27.7mm
- 材質：尼龍樹脂
- 建模難易度：★★★★（4 顆星）

目的

- 製作球型關節構造的模型
- 製作 3D 資料時，要考慮到列印材質與組裝方式

使用到的指令

- Transform（Move/Scale）
- Primitive（Box/Cylinder/Sphere）
- Sketch（Spline/Circle/Polyline）
- Construct（Sweep/Loft）
- Modify（Fillet）
- Pattern（Mirror/Rectangular Pattern）
- Combine（Join/Subtract）

建模流程概要

① 製作軀體形狀與連接處（球型關節部分）
② 製作臉部形狀
③ 製作手腳形狀與連接處（球型關節安裝處）
④ 確認完成圖

建模步驟意外地簡單。試著製作你獨創的可愛貓咪吧。

4-2-2 製作軀體和尾巴

首先，試著製作軀體的模型吧。跟製作玩具車時一樣，只製作單側的形狀，之後再另外透過翻轉複製處理來完成模型。

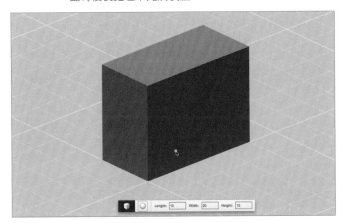

從「Primitive」中選擇「Box」，將游標移至任意位置，輸入立方體的尺寸「Length:10 Width:20 Height:15」，按下 Enter（Return）鍵表示確定。

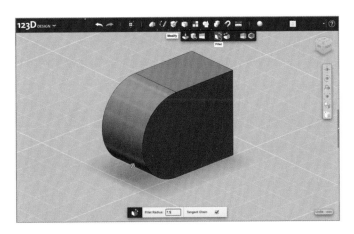

點選前方的上下兩個角，輸入「Fillet Radius:7.5」來進行圓角處理，按下 Enter（Return）鍵來完成此步驟。

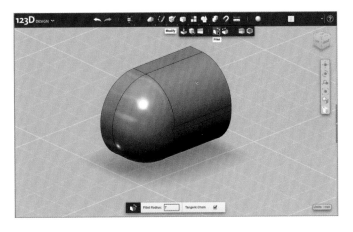

選擇靠近眼前的角，輸入「Fillet Radius:7」來進行圓角處理，按下 Enter（Return）鍵來完成此步驟。

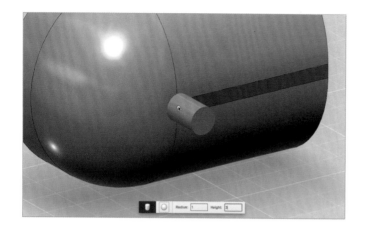

接著，要製作球型關節的球型部分。從「Primitive」選單中選擇「Cylinder」，將滑鼠游標放在眼前的平面上，使其自動對齊，然後輸入「Radius:1」、「Height:3」，按下Enter（Return）鍵來完成此步驟。只要對齊的位置有和平面接觸即可，不用特別準確也無妨。

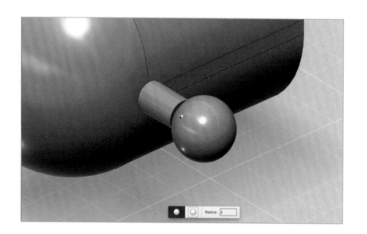

從「Primitive」中選擇「Sphere」，將滑鼠游標放在圓柱的平面上，使其自動對齊，然後輸入「Radius:2」，按下 Enter（Return）鍵來完成此步驟。

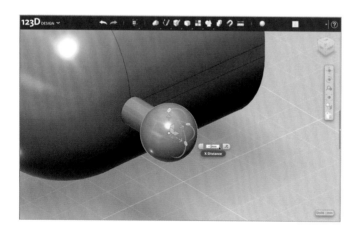

透過「Move」指令，讓球體朝著圓柱軸心的方向移動-1mm。

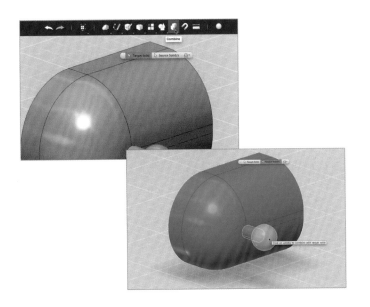

選擇「Combine」指令，將製作好
的 3 個模型結合。

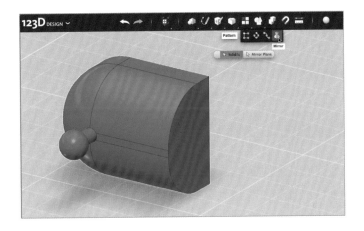

從「Patterns」中選擇「Mirror」指
令，然後點選模型。

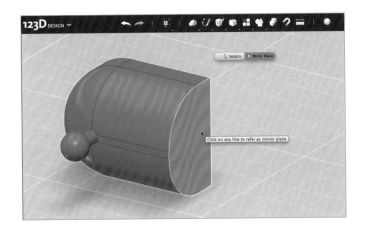

將圖中所指示的平面選為基準平面
「Mirror Plane」，進行翻轉複製處
理。

145

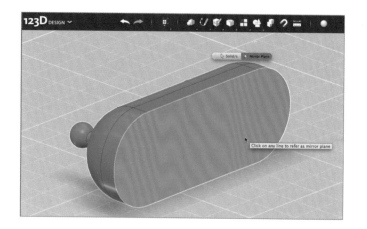

再次選擇「Mirror」指令，這次同樣要將圖中所指示的平面選為基準平面，進行翻轉複製處理。

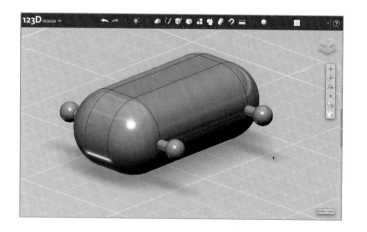

這樣一來，軀體就完成了。接著，加上尾巴吧。

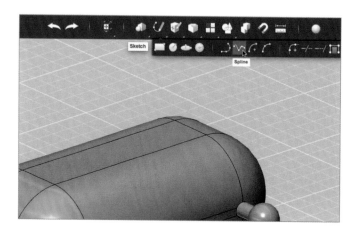

從「Sketch」中選擇「Spline」。

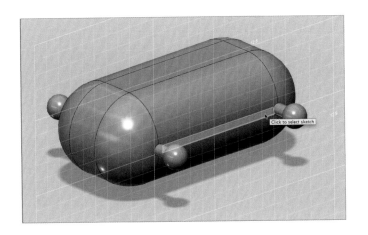

將軀體側面的平面選為「繪製草圖用
的平面」。

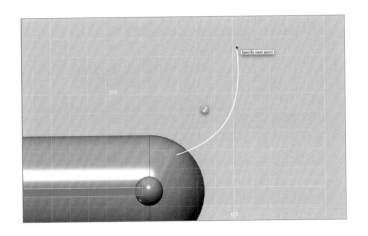

參考左圖來繪製曲線。選擇「Exit
Sketch」，暫時結束此步驟。

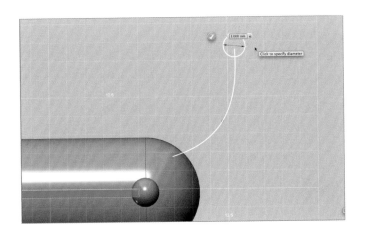

這次要從「Ｓｋｅｔｃｈ」中選擇
「Ｃｉｒｃｌｅ」，然後跟剛才一樣，選擇
製圖用平面。參考圖中的位置，繪製
直徑 3mm 的圓形。選擇「Exit
Sketch」，結束此步驟。

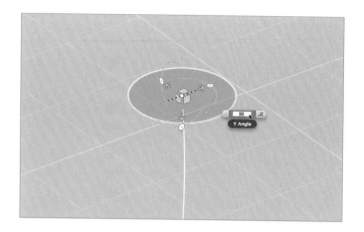

以 Y 軸為基準，讓畫好的圓形草圖
轉動 90°。

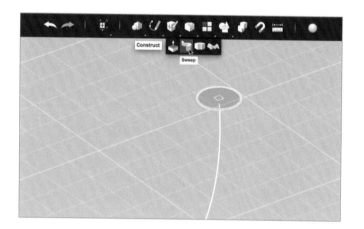

從「Construct」選單中選擇
「Sweep」。

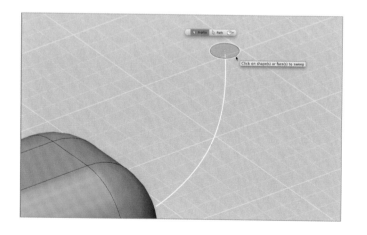

在選取「Profile」的狀態下，點選圓
形草圖。

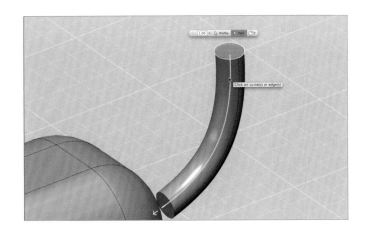

在選取「Path」的狀態下，點選曲線。如此一來，畫面上就會顯示掃掠完成的模型。

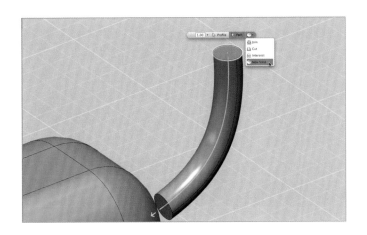

點擊最右側的圖示，從選項中選擇「New Solid」，按下 Enter（Return）鍵完成此步驟。完成後，先將使用過的圓形和路徑刪除吧。

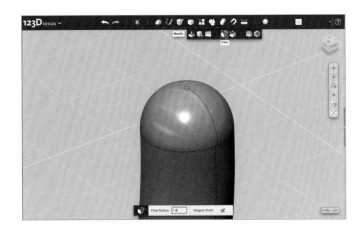

選擇前端的角，輸入「Fillet Radius:1.4」，進行圓角處理。

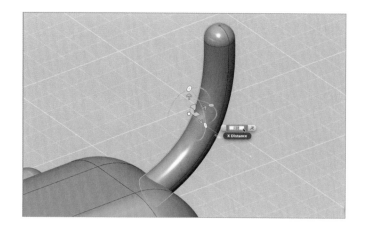

讓尾巴移動到軀體的正中央。也可以依照喜好來調整角度等。

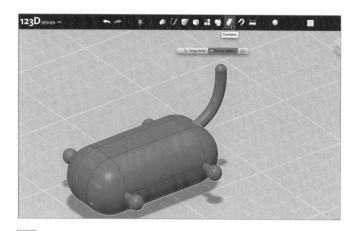

最後，使用「Combine」指令來讓軀體和尾巴結合。這樣一來，尾巴就完成了。

4 -2-3 製作臉部形狀

接下來，要製作臉部的模型。

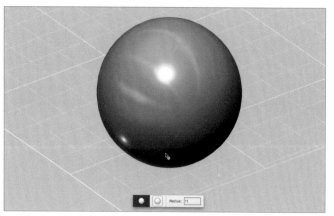

在任意位置輸入「Radius:11」，製作球體。

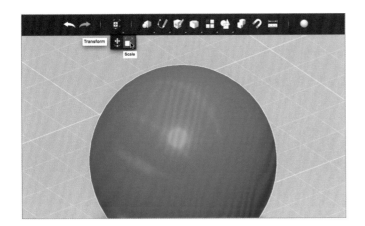

從「Transform」中選擇「Scale」，
再點選球體。

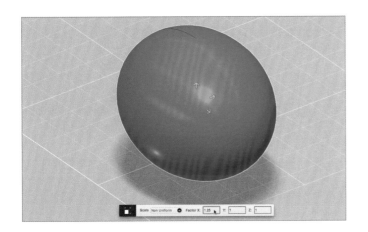

將 模 式 變 更 為「S c a l e : N o n
U n i f o r m」，輸 入「F a c t o r
X:1.25」。

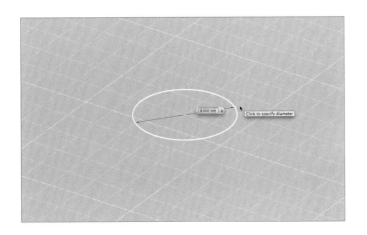

接著，來製作耳朵吧。在任意位置繪
製直徑 8mm 的圓形草圖。

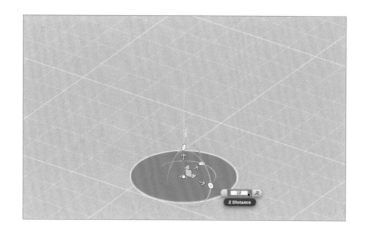

讓畫好的圓形朝著下方垂直移動
7mm。

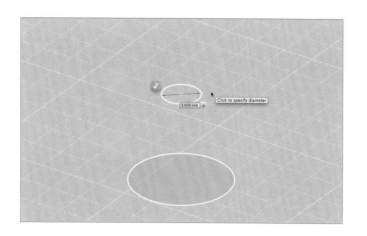

這次要在跟剛才所畫的圓形草圖一樣
的中心點繪製直徑 3mm 的圓形。

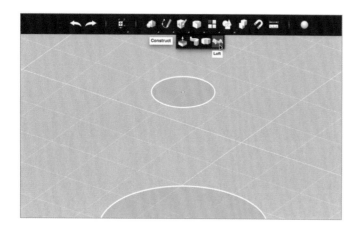

從「Construct」中選擇「Loft」。

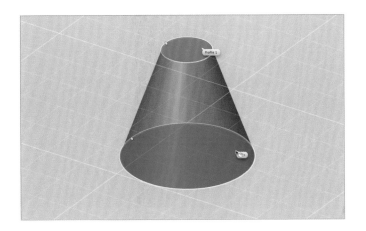

依序選擇兩個圓形草圖，做出物件的
形狀。完成後，就將草圖刪除吧。

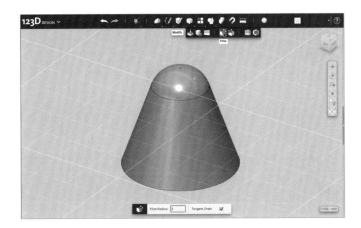

選擇頂面的角，輸入「Fillet
Radius:2」，進行圓角處理，按下
Enter（Return）鍵完成此步驟。

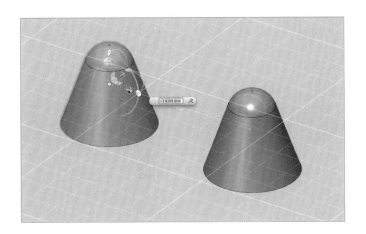

透過「複製→貼上→移動」指令來複
製物件。

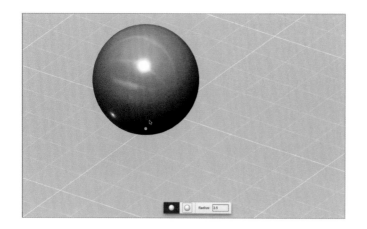

接著，來製作嘴部吧。在任意位置製作「Radius:3.5」的球體。

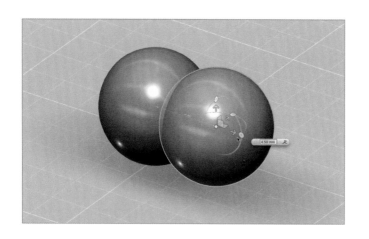

透過「複製→貼上」指令來複製球體，並使其朝著水平方向移動 4.5mm。

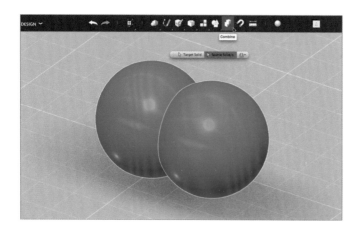

透過「Combine」指令來讓 2 個球體結合。

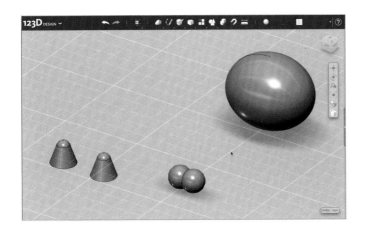

如此一來，臉部零件就全部湊齊了。

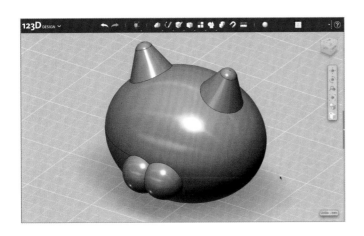

一邊透過「Move」指令來調整位置
和角度，一邊配置物件。最後，透過
「Combine」指令來讓物件結合。

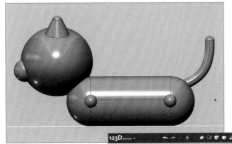

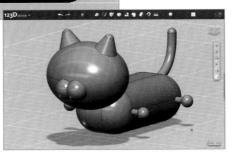

最後，請一邊參考圖中的相對位置，
一邊讓臉部與剛才做出來的軀體結
合。最後，同樣透過「Combine」
指令來使其結合吧。

155

接著，試著製作手腳的模型吧。

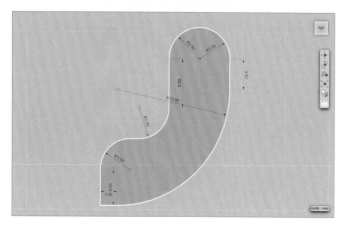

從「Sketch」中選擇「Polyline」，在預設平面上參考上述尺寸來製圖。點擊「Exit Sketch」，暫時結束 Sketch。

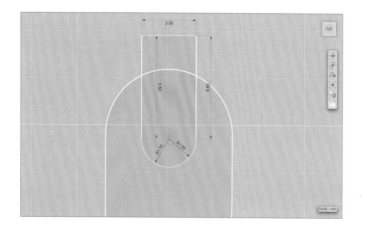

再次從「Sketch」選單中選擇「Polyline」，同樣地在預設平面上參考上述尺寸與位置來製圖。點擊「Exit Sketch」，結束 Sketch 步驟。

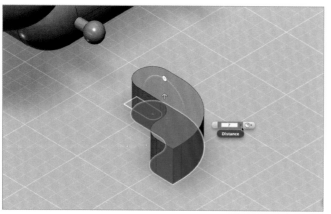

讓一開始所繪製的草圖擠出 7mm。完成物件的形狀後，就將草圖刪除吧。

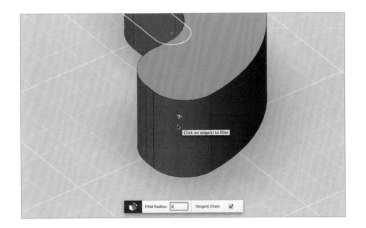

選擇靠近眼前的稜角，輸入「Fillet Radius:3」，進行圓角處理。

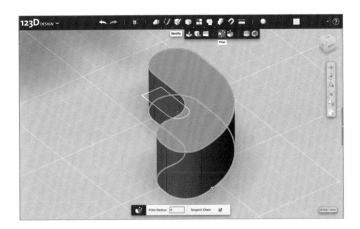

接著，選擇上下兩邊的角，然後選擇「Fillet」。

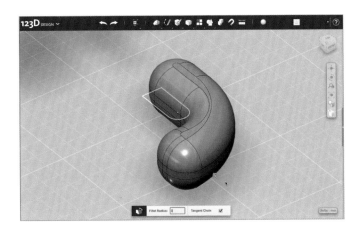

在這邊，同樣也要輸入「Fillet Radius:3」，然後按下 Enter（Return）鍵完成此步驟。

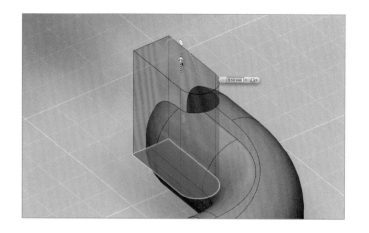

接下來，要製作球型關節的安裝面。
選擇第 2 個畫出來的草圖，進行
「Press Pull」加工。完成物件形狀
後，就將草圖刪除吧。

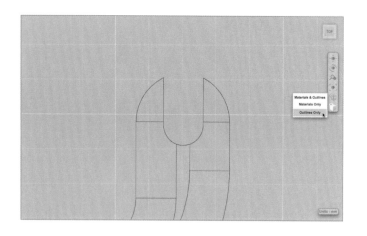

在進行接下來的步驟前，要先變更顯示
模式。從導覽列中，將顯示模式變
更為「Outlines Only」。在形狀重疊
的狀態下，只要採用此顯示模式，就
能順利地進行建模工作。

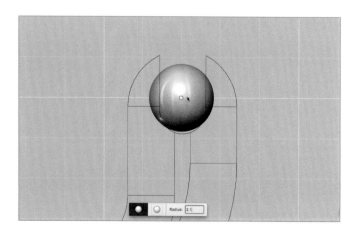

將顯示視角改成俯瞰視角，以圖中的
位置為基準，製作「Radius:2.1」的
球體。

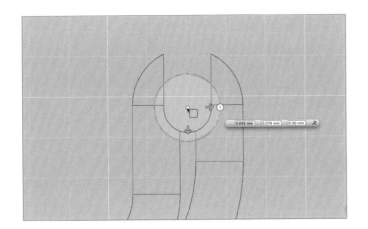

透過移動指令來微調球體的位置，盡量讓中心點對齊。

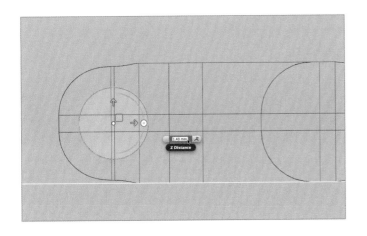

將顯示視角改成側面視角，調整球體位置，盡量讓垂直方向的中心點也對齊。

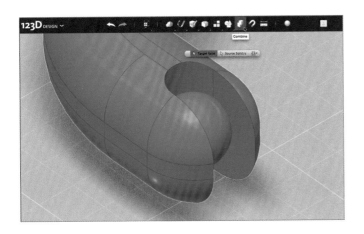

將顯示模式改回「Material&Outlines」。選擇「Combine」，將腳部形狀選為「Target Solid」。

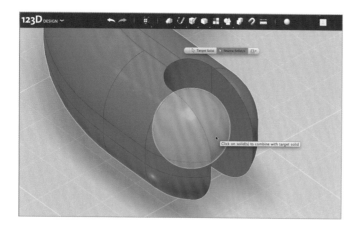

將球體選為「Source Solid/s」。

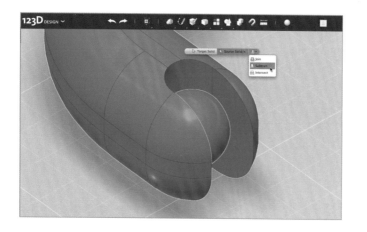

點選最右側的圖示，選擇「Subtract」，按下 Enter（Return）鍵結束此步驟。

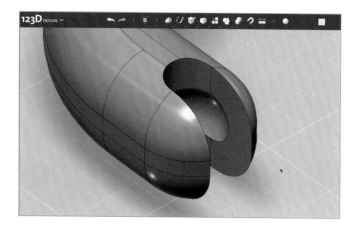

在內側製作出球型關節的安裝面。

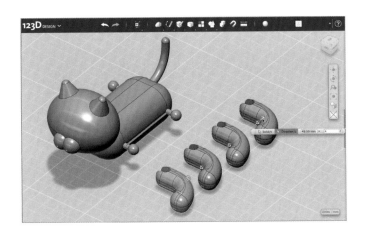

最後，透過「Pattern」指令來複製
出 4 個相同物件。

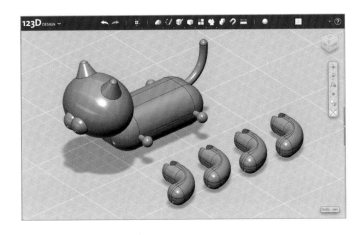

這樣建模工作就完成了。辛苦了。

　　一旦完成了，就儲存吧。當然，在建模途中，我們也建議大家要經常儲存。另外，想要將已
完成的資料列印出來的人，首先要將資料輸出成 STL 格式（關於資料的儲存與輸出的詳細說明，
請參閱第 2 章的「2-3　試著使用 123D Design 吧」）。

　　此外，在第 6 章中，會針對 Replicator 2X 這種個人 3D 列印機，以及其他網路 3D 列印服務
進行解說，所以請大家務必要參閱該部分。

　　進行 3D 列印時，各部分是分開列印的。然而，為了確認完成圖，請試著在空間中移動、組合物件吧。

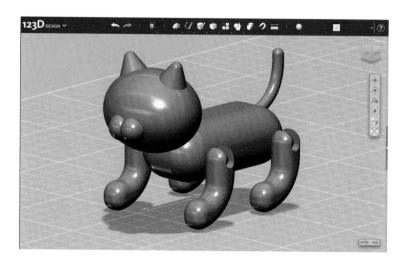

One Point!

要特別留意空隙

如同一開始所說過的那樣，我們最後必須依照 3D 列印材質來調整連接部分的空隙。即使是同樣的 3D 資料，根據列印機與材料的種類，成品的完成度會產生很大差異。一邊反覆地試做，一邊調整組裝難易度與可動部位的流暢度，找出獨創的最佳設定，應該也算是製作 3D 產品時的一大樂趣吧。

左圖是採用高性能列印機製成的 3D 列印產品（尼龍樹脂），
右圖則是使用 Replicator 2X 製成的 3D 列印產品（ABS 樹脂）。

4-3-1 iPhone5 專用保護殼

那麼，接下來是本書最後一個建模實例。來挑戰製作「每天都會帶在身邊的產品」的模型吧。此產品為 iPhone5 專用保護殼，背面採用可以將耳機線捲起來的收納設計。在建模時，要依照 iPhone 的耳機插孔‧端子位置，按鍵位置來設計尺寸。只要能夠學會一邊建模，一邊調整尺寸，就能透過原創設計來製作身邊的小東西、日用品、行動裝置的裝飾品等，提昇生活樂趣。

本模型在製作時，預計採用尼龍樹脂。請大家參考 Apple 官網（https://developer.apple.com/resources/cases/）所公開的 iPhone 尺寸，調整厚度等尺寸。

【Fig4-3-1 3D 列印出來的 iPhone5 保護殼】

【Fig4-3-2 使用情況（可將耳機線收到保護殼背面）】

163

規格

- 尺寸：127.0mm×61.2mm×9.6mm
- 材質：尼龍樹脂
- 建模難易度：★★★★⁄ 4.5 顆星

目的

- 製作符合尺寸的造型。
- 基於列印材質與強度的考量來製作模型資料。

使用到的指令

- Transform（Move）
- Primitive（Box/Sphere/Cylinder/Rectangle/Circle）
- Sketch（Fillet/Offset）
- Construct（Extrude）
- Modify（Fillet/Chamfer）
- Combine（Join/Subtract）
- Snap
- Materials
- Scale（Non Uniform）

建模流程概要

① 製作保護殼的形狀
② 製作用於相機鏡頭孔、側面操作按鈕、端子的缺口。
③ 製作用來捲耳機線的突起形狀

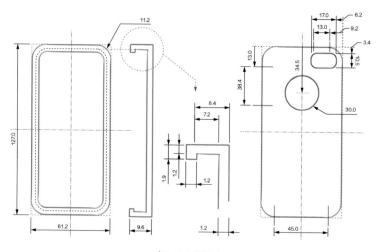

【Fig4-3-3 設計圖】

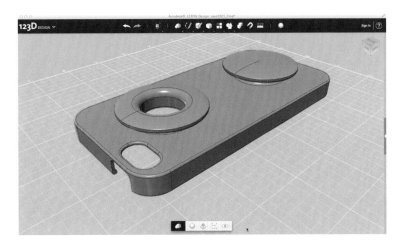

這就是完成圖。只要學會這項建模技術，應該就沒有什麼好怕了吧！

4-3-2 製作保護殼部分

參考設計圖，從保護殼部分的模型開始做起吧。途中所出現的數字，全都有記載在設計圖上。首先，製作 5 個平面，將這些平面擠成立體形狀，製作出底面、側牆、頂面輕微突起部分的形狀。

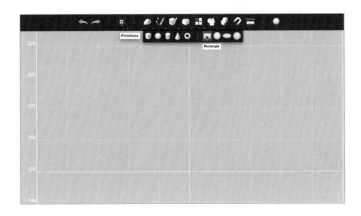

首先，製作保護殼底面的形狀。從「Ｐｒｉｍｉｔｉｖｅ」中選擇「Rectangle」。

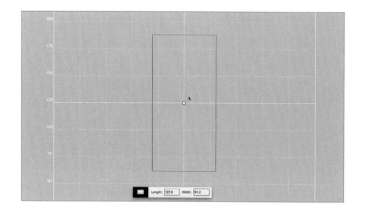

將游標移動到任意位置，輸入「Length:127.0 Width:61.2」，按下 Enter（Return）鍵來執行。

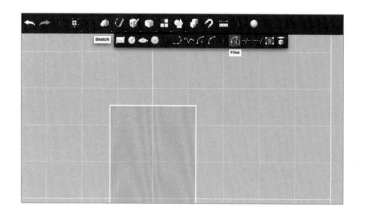

為了依照 iPhone 的角 R 來進行圓角處理，所以我們要從「Sketch」中選擇「Fillet」。

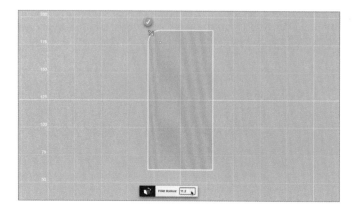

點擊相鄰的兩邊，輸入「Fillet Radius:11.2」，按下 Enter（Return）鍵來結束此步驟。

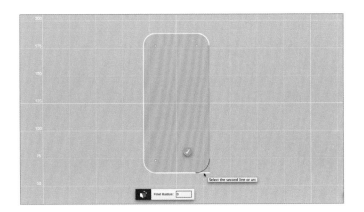

4 個角都要進行圓角處理。

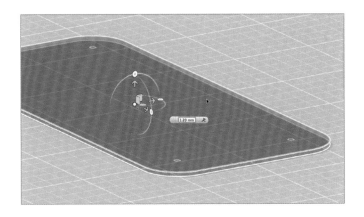

點選製作好的平面，透過「複製貼上」指令來進行複製，使其朝著垂直方向移動，讓底面的厚度變成「1.2mm」。

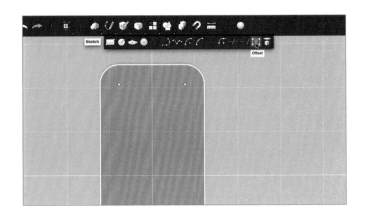

從「Sketch」中選擇「Offset」。「Offset」這個指令的作用在於，能夠在與指定圖形的外形相隔任意距離的位置，畫出形狀相同的圖形。

讓保護殼的側牆朝向內側偏移複製，
使內牆厚度變成「1.2」。

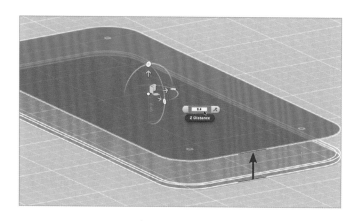

再次複製「一開始所製作，且位於最
下方的面」，並使其朝著垂直方向移
動「8.4」。

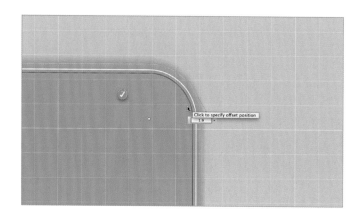

估算頂面輕微突起部分的尺寸，讓經
過「複製→貼上」的面朝向內側偏移
複製「1.9」。

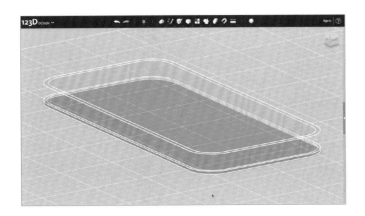

如同左圖那樣，5 個平面都完成了。
接下來，我們要利用這些平面，讓保
護殼的底面、側牆、頂部輕微突起部
分變成立體。

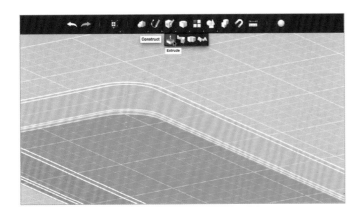

接著，從「Construct」中選擇
「Extrude」。

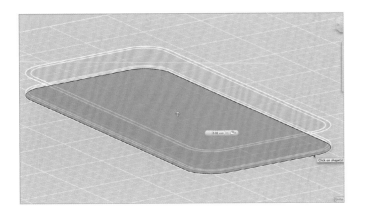

選擇配置在最下方的面。

169

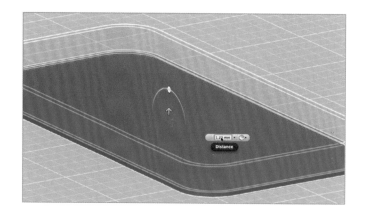

在垂直方向輸入「Distance: 1.20mm」，按下 Enter（Return）鍵表示確定。

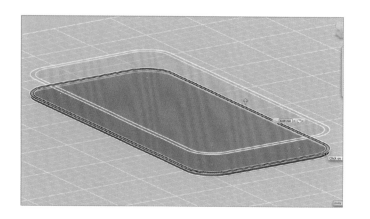

同樣地使用「Extrude」指令，選擇從下方數過來第 2 個面。此時，要點擊「A.外側的線與 B. 偏移複製的線之間的部分」，選擇「A 減去 B 的面」。

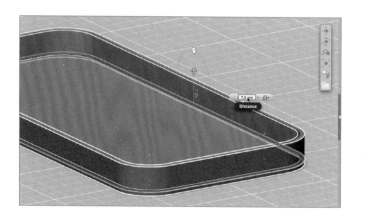

輸入「Distance:7.2」，按下 Enter（Return）鍵表示確定。

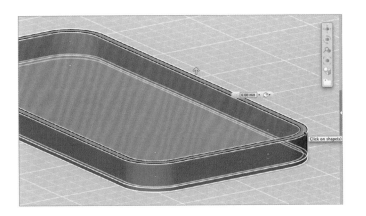

同樣地使用「Extrude」指令，選擇最上面的面。

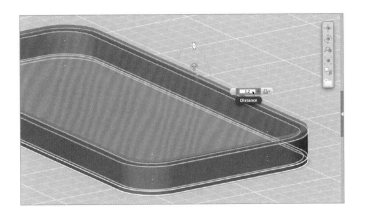

輸入「Distance:1.2」，按下 Enter（Return）鍵表示確定。

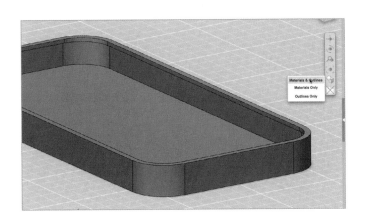

保護殼的基本形狀完成了。此時，透過右側導覽列中的「Hide Sketches」，將用不到的草圖隱藏起來。

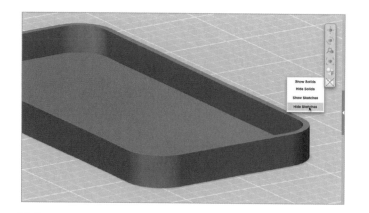

接著，還要透過導覽列最下方倒數第二個指令，將顯示模式改為「Materials&Outlines」，讓立體物件變得更加明顯。

4-3-3 製作操作部分

接著，請參考開頭的設計圖，製作用於相機鏡頭孔、側面操作按鈕、端子的缺口。

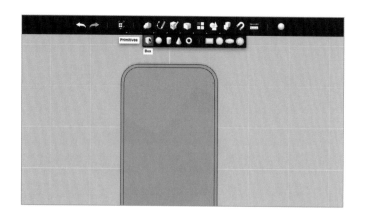

首先，從「Primitive」當中選擇「Box」。

製作用來當作相機鏡頭孔的形狀。將游標移到任意場所後，輸入「Length:10.5 Width:17 Height:20」，按下 Enter（Return）鍵表示確定。——①

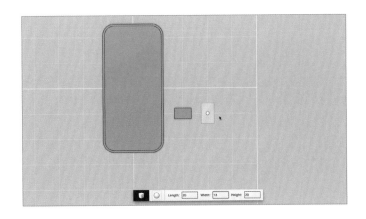

接著，要製作電源鍵。輸入尺寸
「Length:20 Width:13
Height:20」，按下 Enter（Return）
鍵表示確定。── ②

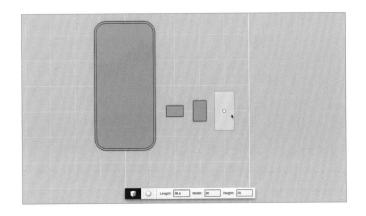

然後是音量鍵與方向鎖定鍵。輸入尺
寸「Length:38.4 Width:20
Height:20」，按下 Enter（Return）
鍵表示確定。── ③

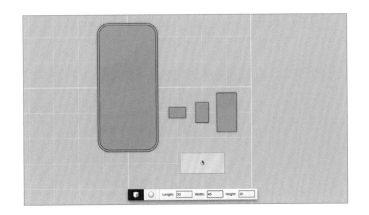

最後是端子、喇叭部分。輸入尺寸
「Length:20 Width:45
Height:20」，按下 Enter（Return）
鍵表示確定。── ④

　　如同①～④那樣，藉由事先準備好經過裁切的形狀，就能提昇工作效率。特別是這次我們已
經得知尺寸，並會使用相同指令，所以只要將同樣的工作集中處理，就能有效縮短工作時間。

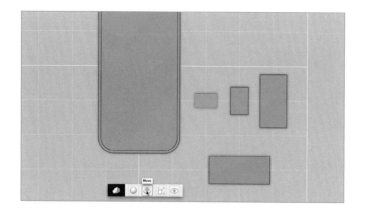

點擊①，選擇「Move」。

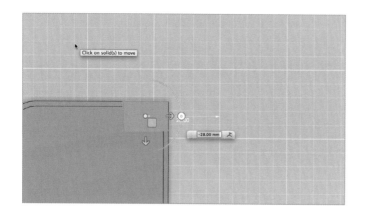

使用游標將其移動到與保護殼右端相
接的位置。

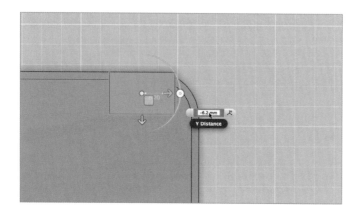

使其從右端的位置朝左方移動
「6.2mm」。

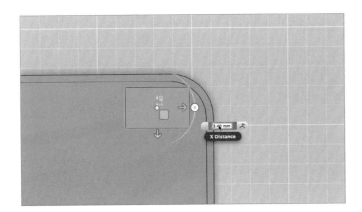

使其朝下方移動「3.4mm」。

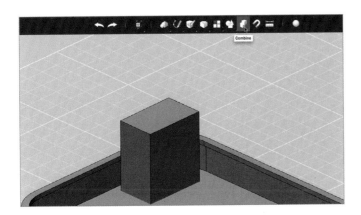

為了挖出鏡頭孔，所以要選擇
「Combine」指令。

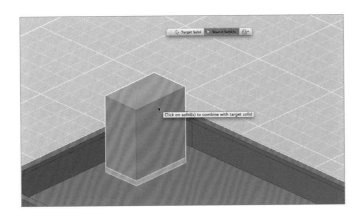

依照「保護殼→①」的順序來點選。

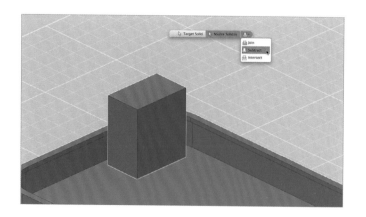

從右側的下拉式選單中選擇
「Subtract」。

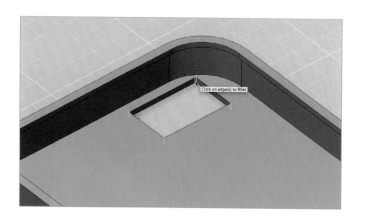

使用「Subtract」挖完孔後，點選
「Fillet」，然後點選 4 個角。

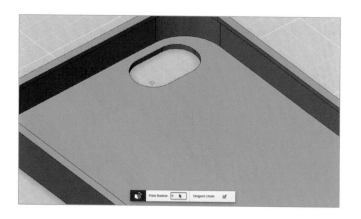

輸入「Fillet Radius:5」，按下 Enter
（Return）鍵結束此步驟。

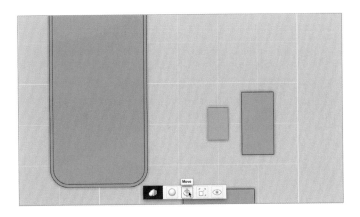

點選②，選擇「Move」。

依照同樣訣竅，將其移動到與保護殼
形狀右端相接的位置。

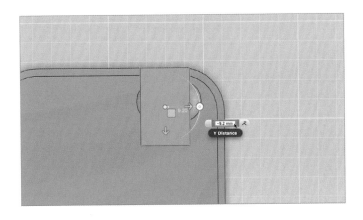

使其從右端的位置朝左方移動
「9.2mm」。

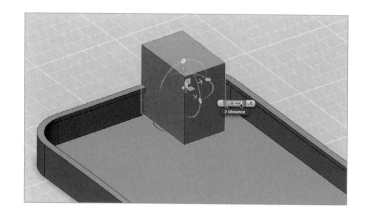

這次，由於我們不想使其貫穿，所以
會先變更視角，再使其朝著垂直方向
移動「1.2mm」。

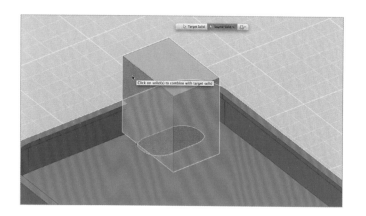

透過「Combine」指令，依序點選
物件。

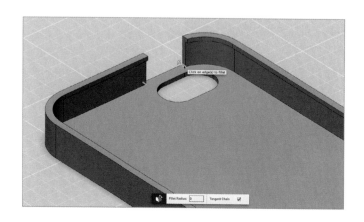

透過「Subtract」指令做出缺口形狀
後，選擇「Fillet」，然後選擇根部
的角。

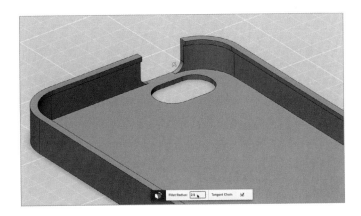

輸入「Fillet Radius:2.5」，按下
Enter（Return）鍵結束此步驟。

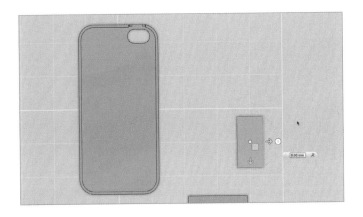

點選③，選擇「Move」。

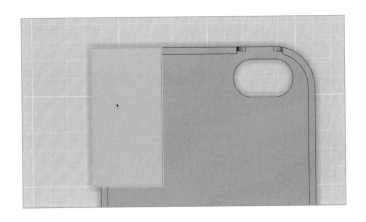

使其移動到與箱子形狀上端相接的位
置。

使其從上端的位置朝左移動
「13mm」。

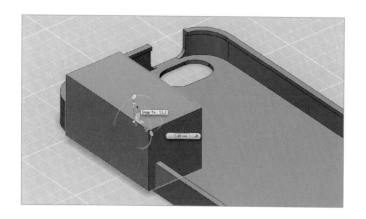

變更視角，使其朝著垂直方向移動
「1.2mm」。

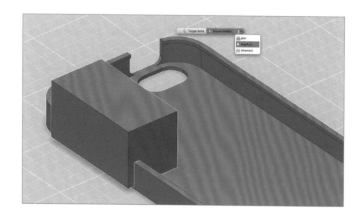

依序選取物件，然後選擇
「Subtract」。

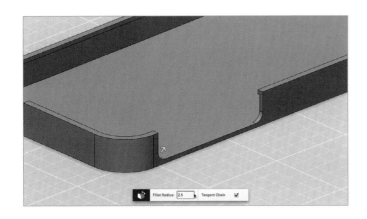

在根部輸入「Fillet Radius:2.5」，
按下 Enter（Return）鍵完成此步
驟。

接著，最後要使用④來製作端子、喇
叭部分的缺口形狀。由於我們想要將
④配置在水平中央，所以會使用
「Snap」指令。

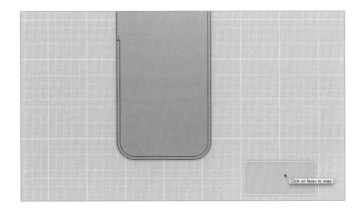

點擊「Snap」，先選擇④。

接著，選擇保護殼形狀。

如此一來，④就會自動地被配置在保護殼形狀的中央。

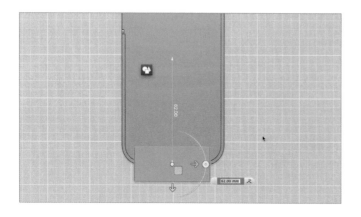

使其朝著下方平移。

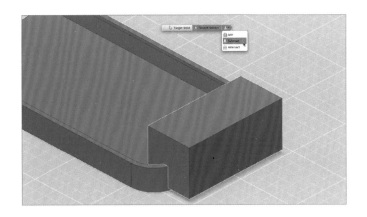

依序點選物件，然後選擇
「Subtract」。

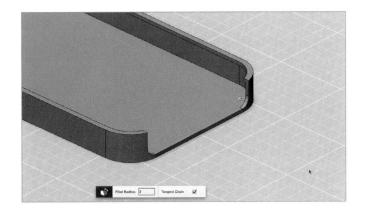

在根部輸入「Fillet Radius:3」，按
下 Enter（Return）鍵完成此步驟。

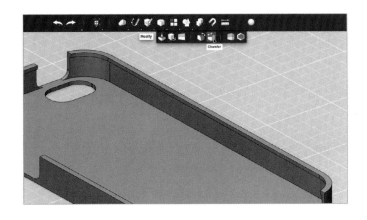

為了提昇強度，所以要在內側的稜角
處加上 C 面（倒角處理）。從
「Modify」中選擇「Chamfer」。

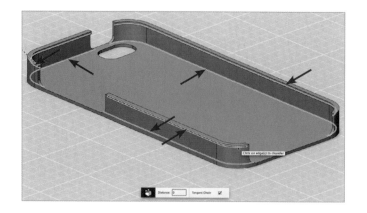

如同圖中那樣,選擇內側的 6 個
角。

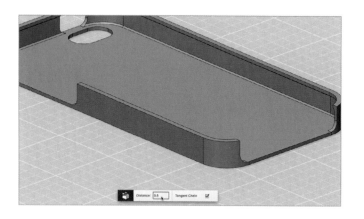

輸入「Distance:0.5」,按下 Enter
(Return)鍵完成此步驟。

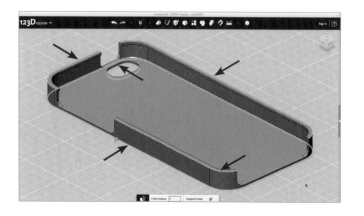

從「Modify」中選擇「Fillet」,如
同圖中那樣,選擇外側的 5 個角。

輸入「Fillet Radius:0.8」，按下
Enter（Return）鍵完成此步驟。

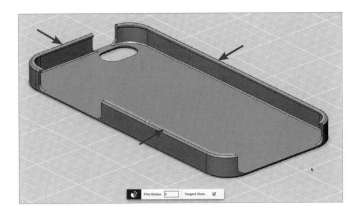

最後，選擇頂面內側的 3 個角。

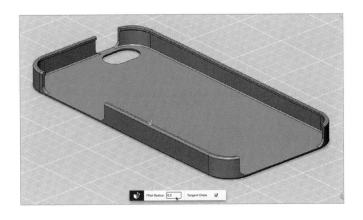

輸入「Fillet Radius:0.3」，按下
Enter（Return）鍵完成此步驟。這
樣一來，保護殼的主體部分就完成
了。

接著，要製作用來捲耳機線的突起形狀。

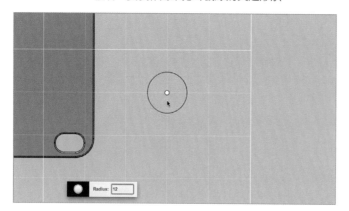

製作 2 個圓形與 1 個球體，使其變形，製作出香菇型的突起形狀。

首先，從「Primitive」中選擇「Circle」，輸入「Radius:12」來決定數值。

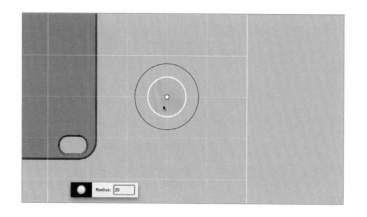

在同樣的中央位置上製作「Radius:20」的圓形。

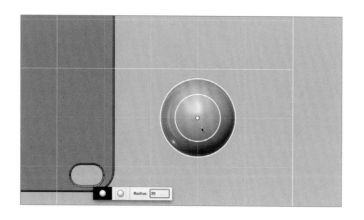

接著，從「Primitive」中選擇「Sphere」，將「Radius:20」的球體配置在相同位置。

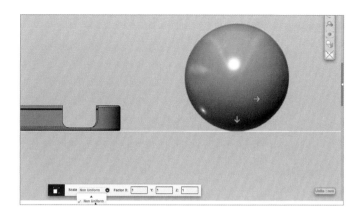

點擊「Scale」，從下拉式選單中選
擇「Non Uniform」。

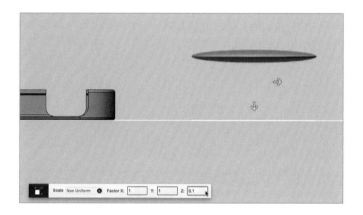

輸入「Factor X:1/Y:1/Z:0.1」，按下
Enter（Return）鍵表示確定。

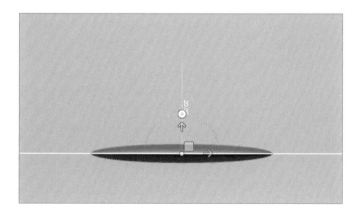

讓已變形的球體移動到剛才那個圓形
的中央位置。

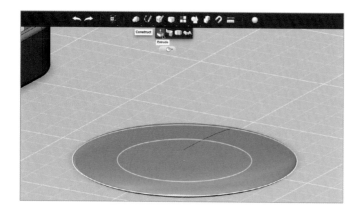

從「Construct」選單中選擇
「Extrude」。

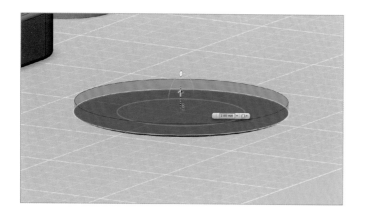

選擇較大的圓形，朝著垂直方向擠出
「2.0mm」。

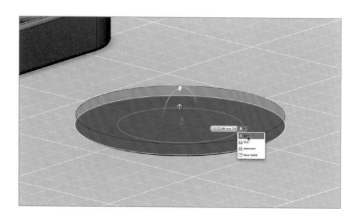

只要點擊彈出式視窗右端的圖示，就
能選擇要如何處理重疊的立體物件，
所以要選擇「Join」，做出決定。

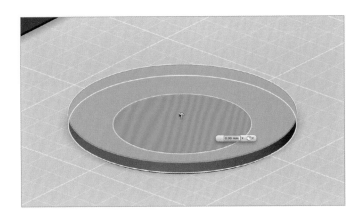

選擇「Extrude」，點擊較小的圓形。

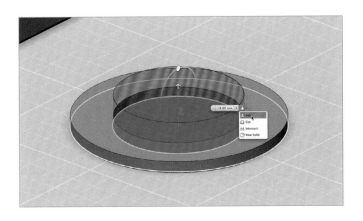

朝著垂直方向擠出「6.0mm」，進行「Join」。

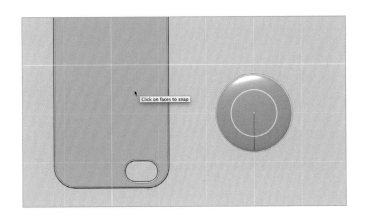

為了將製作好的突起部分配置在保護殼的水平中央，所以要使用剛才的「Snap」指令。

選擇「Snap」，依照「突起形狀→保護殼」的順序點擊物件。

突起形狀會自動地被配置在保護殼的中央。

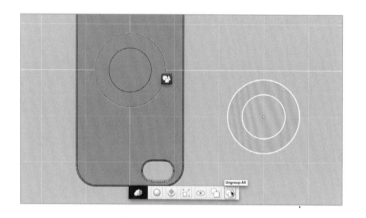

只要使用「Snap」指令，物件就會自動地被群組化，所以我們要如同左圖那樣，使用「Ungroup All」來解除群組。

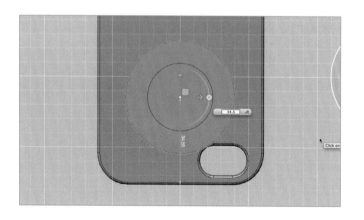

將其從保護殼的邊緣移動到「34.5mm」的位置。

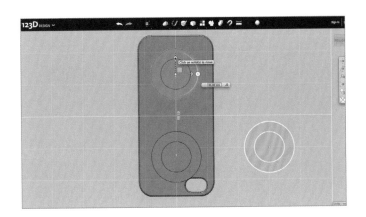

進行複製，並將其朝著水平方向移動「61mm」。

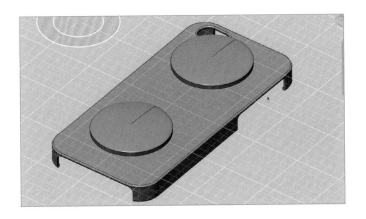

如同圖中那樣，能夠配置 2 個用來捲線的突起形狀。

為了讓 iPhone 背面的蘋果標誌露出來，所以要挖孔。從「Primitive」中選擇「Ｃｙｌｉｎｄｅｒ」，輸入「Radius:9.5 Height:20」，將開孔配置在上方突起形狀的正中央。

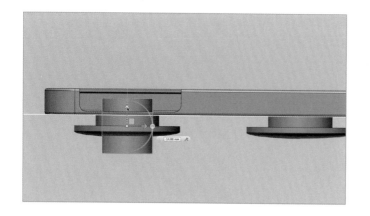

為了讓開孔貫穿突起形狀，所以要調整圓柱的位置。

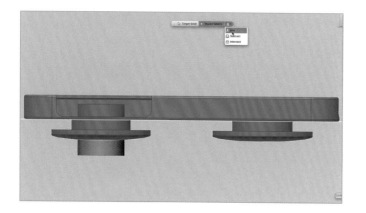

將圓柱以外的部分進行「Join」。

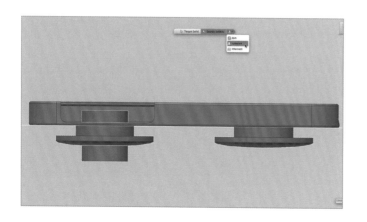

透過「Subtract」指令來減去圓柱。

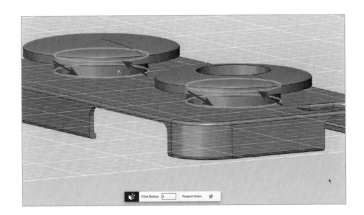

最後，進行圓角處理。從「Modify」
中選擇「Fillet」，然後如同圖中那
樣選擇 4 個角。

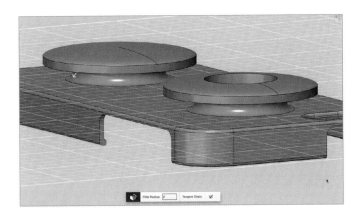

輸入「Fillet Radius:2」，按下 Enter
（Return）鍵完成此步驟。

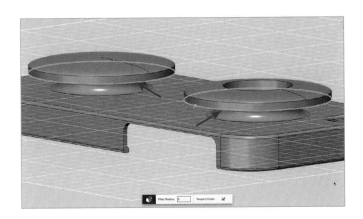

選擇「Fillet」，然後如同圖中那樣
選擇 2 個角。

輸入「Fillet Radius:1」，按下 Enter
（Return）鍵完成此步驟。

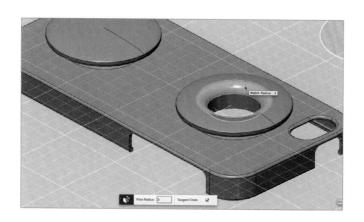

最後，在那個可以看見蘋果標誌的開
孔 的 稜 角 處 ， 輸 入 「 F i l l e t
Radius:3」，就完成了。

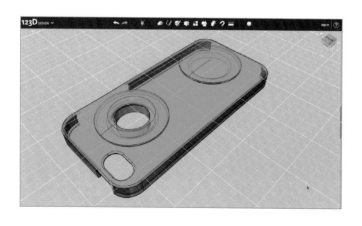

請變更「Material」，試著確認形
狀。

　　一旦完成了，就儲存吧。當然，在建模途中，我們也建議大家要經常儲存。另外，想要將已
完成的資料列印出來的人，首先要將資料輸出成 STL 格式（關於資料的儲存與輸出的詳細說明，
請參閱第 2 章的「2-3 試著使用 123D Design 吧」）。

　　此外，在第 6 章中，會針對 Replicator 2X 這種個人 3D 列印機，以及其他網路 3D 列印服務
進行解說，所以請大家務必要參閱該部分。

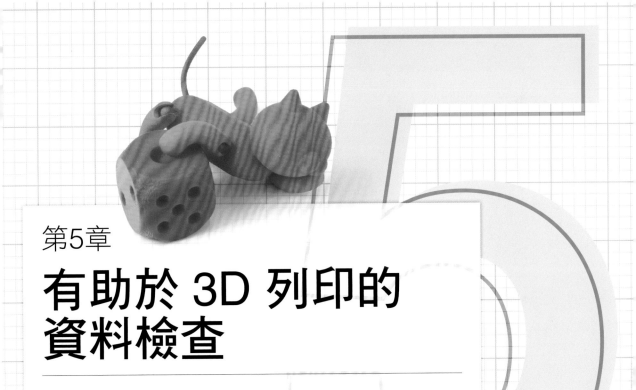

第5章

有助於 3D 列印的
資料檢查

即使建模工作結束，也無法立刻進行 3D 列印。必須去思考要使用什麼材料來列印，也必須改善資料的缺失。在本章中，主要會說明「有助於 3D 列印的資料檢查」、「應注意的事項」等。在進行 3D 列印之前，請翻開這章，確認幾個重點。

閱讀本章的時機

☐ 對材料的選擇感到猶豫時

☐ 對「用於 3D 列印的 3D 資料的製作」感到困惑時

☐ 使用免費檢查軟體來檢查、修正 3D 資料時

☐ 想要了解 3D 列印的訣竅時

5 -1-1 材料的挑選方式

依照想要製作的產品種類，適合的材料會有所不同。首先，我們要依照「想要製作什麼產品、該產品的用途」來挑選「能夠發揮產品作用，且又耐用的材料」。如果不這樣做，材料就會成為「導致產品立刻受損、不耐用」等情況的原因。

包含「從個人所持有的 3D 列印機（個人 3D 列印機）到能夠透過網路來使用的 3D 列印服務」在內，可用於 3D 列印的材料有很多種，塑膠當然不用說，另外還有陶瓷、金屬、橡膠等。就算沒有昂貴的製造設備，只要有點子，就能透過網路上的 3D 列印服務，使用各種材料來製作產品。

[1] 材料的挑選方式

依照想要製作的產品形狀、種類、用途，來逐漸縮小材料的範圍。

a. 依照想要製作的產品來挑選
- **飾品**
  - i. 產品
    - ・戒指、項鍊、耳環、手鐲等
  - ii. 適合的材料
    - ・銀、不鏽鋼、鈦、ABS 樹脂、聚醯胺（尼龍）樹脂等
- **小器具**
  - i. 產品
    - ・智慧型手機保護殼、家電零件
  - ii. 適合的材料
    - ・聚醯胺（尼龍）樹脂、ABS 樹脂
- **公仔**
  - i. 產品
    - ・人偶公仔
  - ii. 適合的材料
    - ・彩色石膏、壓克力樹脂、聚醯胺（尼龍）樹脂

b. 依照產品的用途來挑選

- **想要展示**
  - i. 適合的材料
    - ・彩色石膏
    - ・壓克力樹脂
- **想要用於日常生活**
  - i. 適合的材料
    - ・金屬（銀、不鏽鋼、鈦）
    - ・陶瓷
    - ・ABS 樹脂
    - ・聚醯胺（尼龍）樹脂

[2] 可用於 3D 列印的主要材料的特徵

　　根據使用材料的不同，成品給人的印象也會有所差異。首先，要大致地選擇材料，然後再依照呈現方式的自由度、材料的強度、耐久性等，選擇最後要用的材料。若想要確認質感的話，也必須實際拿起來摸摸看。反覆地嘗試好幾次，找出最適合的材料。

1. 彩色石膏

- ■ 質感：粗糙
- ■ 特徵：這種材料可以列印出彩色的產品，最適合用於玩偶與模型等。雖然姑且可以用於原型設計，但表面質感很粗糙，強度較低，不能進行高準確度的 3D 列印。

2. ABS 樹脂

- ■ 質感：光滑
- ■ 特徵：ABS 樹脂這種材料適合用來製作文具、DIY 零件、飾品等小巧細緻的產品。有各種顏色可以選擇也很吸引人。雖然表面光滑，耐水性高，但強度低，不適合用來製作餐具等產品。

3. 壓克力樹脂

- ■ 質感：光滑
- ■ 特徵：壓克力樹脂適合用來製作玩偶、精密產品、零件等比 ABS 樹脂更加小巧細緻的產品。有各種顏色可以選擇也很吸引人。表面光滑，堆疊痕跡不明顯，可以漂亮地列印出細緻的形狀或曲面。

4. 聚醯胺（尼龍）樹脂

■ 質感：粗糙
■ 特徵：聚醯胺（尼龍）樹脂具備出色的耐熱性與延展性，適合用來製作 iPhone 保護殼與飾品這類必須具備高強度的產品。有各種顏色可以選擇也很吸引人。表面粗糙，耐水性低，不適合用來製作餐具等產品。

5. 橡膠風格塑膠

■ 質感：粗糙
■ 特徵：這是一種宛如橡膠般的軟性樹脂，最適合用來列印擁有許多曲線或曲面的流行用品與飾品。

6. 壓克力玻璃（有機玻璃）

■ 質感：光滑
■ 特徵：壓克力玻璃能夠用來製作尺寸較大的產品，而且表面光滑、強度高、堅固、耐水性高。能夠漂亮地重現複雜的細緻形狀或曲面。最適合用來製作含有透明零件的玩偶或飾品。

7. 陶瓷

■ 質感：光滑
■ 特徵：陶瓷材料最適合用來製作陶瓷器與藝術品。這種材料具備高耐熱性與食品安全性。※食品安全性會隨著不同的 3D 列印服務而有所差異，所以必須進行檢驗。

8. 銀

■ 質感：光滑
■ 特徵：能夠採用細緻、複雜的設計，適合用來製作珠寶、飾品、藝術品。表面只要經過研磨處理，就會變得帶有光澤，宛如鏡面一般。

9. 青銅

- 質感：粗糙
- 特徵：大多為不鏽鋼與青銅的合金，特徵是粗糙的質感。適合用來列印帶有古董風格的古物、蒸汽龐克風格的飾品、藝術品。

10. 不鏽鋼

- 質感：粗糙
- 特徵：不鏽鋼的特徵為，強度高、質感粗糙。適合用來製作飾品和產品。也適合用來列印尺寸較大的物品。

11. 鈦

- 質感：光滑
- 特徵：鈦的特性為，重量非常輕、強度高、不易生鏽，能夠列印出很堅固的金屬零件。另外，由於不易引發金屬過敏，所以也適合用來列印耳環、項鍊等飾品。

-2-1 製作 3D 資料時的重點

　　若想要實際進行 3D 列印的話，在製作 3D 資料時，有幾點必須特別注意。接下來，我們會介紹主要的 6 個重點。只要留意這些重點，就能避免「會導致 3D 列印無法進行的錯誤」發生。

[1] 不要製造出「多邊形未閉合現象」

　　只要出現「多邊形未閉合現象」，就無法進行 3D 列印。多邊形未閉合現象指的是，當多邊形中出現不相鄰的面時會發生的現象。在左圖中，多邊形沒有閉合，此資料無法進行 3D 列印。另一方面，在右圖中，多邊形緊密地閉合，能夠進行 3D 列印。

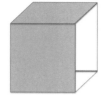

發生「多邊形未閉合現象」時的狀態　　　沒有發生「多邊形未閉合現象」時的狀態

【Fig5-2-1 「多邊形未閉合現象」發生時與沒有發生時的狀態】

[2] 不要製造出板狀多邊形

　　板狀多邊形指的是，沒有厚度的多邊形。雖然透過 3DCG 軟體能夠輕易地製作出沒有厚度的資料，但在現實世界中，由於厚度是必要的，所以只要將那種資料拿去進行 3D 列印，就會發生錯誤。只是畫上去的玩偶毛髮等部分、室內設計類 CG 中的牆壁與家具等，大多屬於沒有厚度的資料，所以我們必須為這些物件加上厚度。

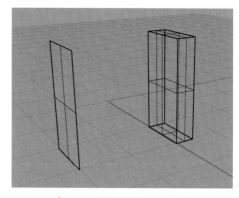

【Fig5-2-2 板狀多邊形與非板狀多邊形】

[3] 使物件成為單一薄殼

在 CAD 軟體中，即使外表看不出來，但會出現物件重疊在一起的情況。Fig5-2-3-1 是物件重疊在一起的例子。這種狀態被稱為「1 個物件變成 2 個薄殼」，在進行 3D 列印時，會引發錯誤。若要將資料改成能夠進行 3D 列印的話，就必須使資料成為物件沒有重疊的單一薄殼。藉由執行 3DCG 軟體或 3DCAD 軟體當中的布林代數聯集運算（在 123D Design 中，就是 Combine 指令），就能使其成為單一薄殼。

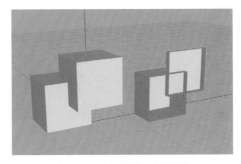

【Fig5-2-3-1 多邊形重疊在一起的狀態】

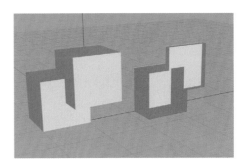

【Fig5-2-3-2 多邊形沒有重疊的狀態】

[4] 讓法線方向變得一致

在 CAD 軟體中，這一點也不容易從外觀上看出來。使用法線不一致的資料來進行 3D 列印時，會引發錯誤。法線指的是，與多邊形的面成垂直的線條。透過法線，我們能夠辨別出，在視覺上要如何呈現光線，像是「光線會如何在平面上反射」等。在 3D CAD 軟體與 3DCG 軟體中，藉由讓法線顯示，就能確認該法線朝著什麼方向。我們要將所有法線方向都變更成朝向外側。

【Fig5-2-4 法線不一致的例子。在紅色部分與藍色部分，180 度法線的方向是不同的】

[5] 將多邊形數量降低到 100～200 萬以下

實際進行 3D 列印時，要是多邊形數量沒有控制在數百萬以下的話，就會引發錯誤，無法進行 3D 列印。我們要檢查多邊形總數，當數量超過時，則需使用 3DCG 軟體與 3D CAD 軟體中的多邊形數量縮減功能，以減少多邊形數量。

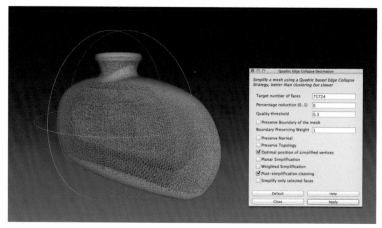

【Fig5-2-5 將多邊形數量控制在 100 萬～200 萬以下】

[6] 將產品尺寸改成符合 3D 列印條件的尺寸

完成建模後，必須將模型的尺寸控制在能夠進行 3D 列印的範圍內。由於尺寸會取決於 3D 列印機的種類與材料，所以要依照各自的規定來製作模型資料。

 -2-2　適用於 3D 列印的檔案格式

3D 資料能夠透過各種 3D CAD 軟體、3DCG 軟體製作而成。人們將適用於 3D 列印的檔案格式歸納成幾種類型。123D Design 能夠輸出 STL 格式的檔案。以下介紹的是，適用於 3D 列印的主要檔案格式。

[1] 適用於 3D 列印的主要檔案格式

1. STL 格式

這種格式會透過三角多邊形來呈現 3 次元形狀的表面，而且已經成為 3D 列印機固定使用的標準格式。123D Design 也支援這種格式。這種檔案格式是美國 3DSystem 公司為了 3D 列印系統的資料輸入而研發出來的。雖然 STL 格式可分為 ASCII 格式與二進位格式，不過由於 ASCII 格式的檔案容量較大，所以請大家將檔案儲存成二進位格式吧。

2. OBJ 格式

OBJ 格式是模型資料的交換格式，各種 3DCG 軟體都有支援。也能夠指定用來進行彩色 3D 列印的紋理檔案。以包含紋理檔案在內的形式來將檔案傳送到網路 3D 列印服務時，要先將紋理檔案、OBJ 檔案、MTL 檔案（記載了 OBJ 材質屬性的檔案）設置在同一資料夾內，並壓縮成 ZIP 檔，再傳送。此格式由 Wavefront 公司所研發，是一種純文字格式的檔案格式。

3. VRML 格式（WRL 格式）

　　各種 3DCG 軟體都有支援此格式。VRML（Virtual Reality Modeling Language）是以「在網路上呈現虛擬的 3 次元空間，並記載關於 3 次元物體的資訊」這項前提而設計的檔案格式。VRML 檔案也被稱為「world」，會加上「wrl」這個副檔名。此格式能夠攜帶紋理檔案，適合用於彩色 3D 列印。也可以不使用紋理檔案，而是在多邊形的頂點著色。與 OBJ 檔案相同，以包含紋理檔案在內的形式來將檔案傳送到網路 3D 列印服務時，要先將紋理檔案和 WRL 檔案設置在同一資料夾內，並壓縮成 ZIP 檔，再傳送。

4. PLY 格式

　　此格式原本是史丹佛大學電腦繪圖實驗室（Stanford Graphics Lab）為了記錄 3D 掃瞄器的 3 次元檔案而研發出來的。也被稱為「Stanford Triangle Format」。PLY 是從 polygon 衍生出來的首字母縮略詞。PLY 格式會透過 ASCII 或二進位格式來呈現。

　　在列印玩偶這類含有紋理檔案的 3D 資料時，必須將檔案儲存成 VRML 格式或 OBJ 格式。若是其他情況的話，只要格式屬於上述任一種格式，就能進行 3D 列印。想要使用個人持有的 3D 列印機來輸出時，請將檔案儲存成該 3D 列印機所支援的檔案格式。

想要確認已完成建模的 3D 資料是否能夠列印時，我們可以使用檢測軟體來確認 3D 資料是否能夠進行列印，以及資料的尺寸、厚度。在這裡，我們會使用名為「netfabb Studio Basic」的免費軟體，這套軟體具備檢測、修正、測量 3D 資料的尺寸等功能。

-3-1 netfabb Studio Basic 的安裝方法

[1] 進入 netfabb Studio Basic 的網站（http://www.netfabb.com/basic.php），從 Community 這個標籤中點選 Download。

[2] 選完使用的作業系統後，就會出現下載連結，所以請點擊連結。

[3] 輸入必填項目，並點擊 Download 後，請選擇線上安裝（上方），或是點選離線安裝（下方）的 exe 檔或 zip 檔。

[4] 接著，執行下載完成的「netfabb-basic_5.0.0_macosx.dmg」（作業系統為 MacOS 時）、「netfabbInstaller_offline.exe」（作業系統為 Windows 時）。

[5] 由於執行了安裝程式，所以首先請選擇語言，然後點擊 Continue。

[6] 大略瀏覽過服務條款後，如果沒有問題的話，請勾選下方的「I accept the terms of usage」，點擊 Continue。

[7] 然後，請進行符合自己使用方式的設定。

[8] 完成設定後，請點擊 Continue。

[9] 最後點選 Finish，完成安裝。

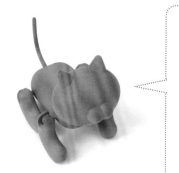

Basic 版與 Professional 版之間的差異

Netfabb 團隊提供了免費的產品 netfabb Studio Basic、具備進階功能的 netfabb Professional、netfabb 雲端服務，能夠自動地進行專為 3D 列印與快速成型所設計的 STL 檔案分析、檢測、修復。netfabb 這套軟體支援 Windows、MacOS、Linux 平台，雖然可修正範圍有限，但免費的 Basic 版也能進行基本的修正。Professional 擁有更加高階的修正功能，而且除了 STL 檔以外，也支援其他格式的檔案。

One Point!

5-3-2 透過 netfabb Studio Basic 來修正資料

執行 netfabb Studio Basic，點擊左上方的資料夾圖示，選擇想要檢測的 STL 檔，進行讀取。由於我們必須事先將要讓程式讀取的資料儲存成 STL 檔，所以當資料檔為其他格式時，請事先將資料輸出成 STL 檔（關於在 123D Design 中將資料輸出 STL 檔的方法，請參閱第 2 章的「試著使用 123D Design 吧」）。

選擇 STL 檔

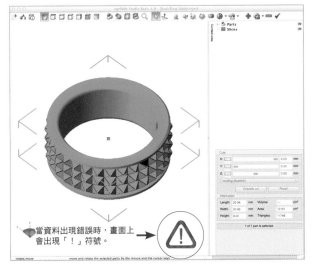

只要已點選的物件中出現錯誤資料時，就會如同下圖那樣，出現「！」符號。資料若沒有錯誤，符號就不會出現。

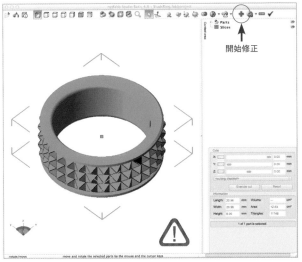

「！」符號一旦出現，就請點擊位於上方工具列中的「紅色加號」符號，開始修正資料。

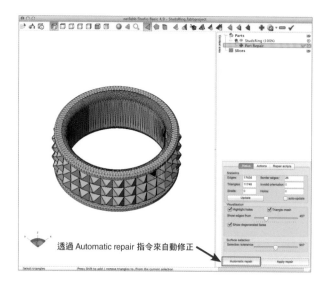

只要一執行修正指令，畫面就會切換，樹狀目錄中會新增 Part repair，不過由於不必進行特別的設定，所以請點擊 Automatic repair。

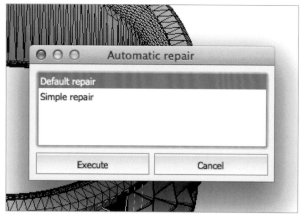

由於畫面上會出現彈出式視窗，所以請選擇預設的 Default repair，並點擊 Execute。在此階段，修正工作尚未結束。

點擊 Apply repair，決定修正內容。

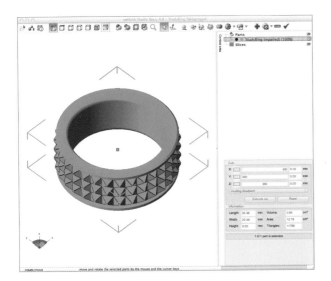

當修正內容確定，而且「！」符號消失後，資料修正就完成了。

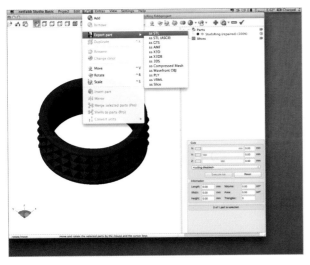

最後，輸出修正過的 STL 檔，這樣就結束了。雖然 STL 格式可分為 ASCII 格式與二進位格式，不過由於 ASCII 格式的檔案容量較大，所以請大家將檔案儲存成二進位格式吧。

透過 netfabb Studio Basic 來測量厚度・尺寸・體積

在 netfabb Studio Basic 中，我們能夠測量模型資料的厚度、尺寸、體積。

選擇並開啟想要檢測的 STL 檔。

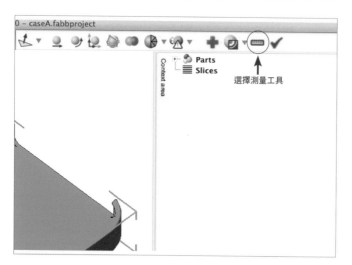

選擇位於右上方的測量工具。

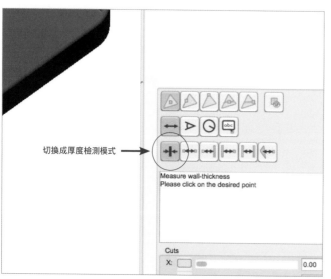

點擊位於稍微右下方的「厚度檢測」圖示，將檢測模式變更為「厚度檢測模式」。

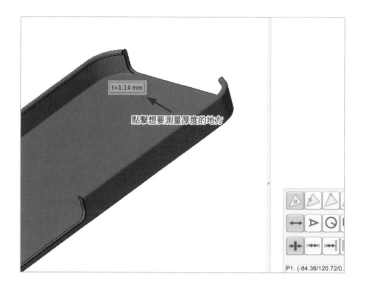

只要點擊任意一處，畫面上就會顯示
該部分的厚度。

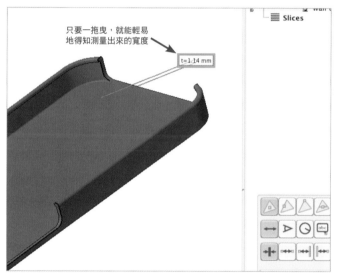

只要拖曳有顯示厚度的外框，就能確
認目前正在測量哪個部分的厚度。

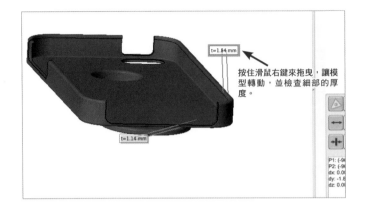

按住滑鼠右鍵來拖曳，讓模型轉動，並檢查細部的厚度。

只要一邊在模型上按住右鍵，一邊拖曳，就能變更角度。另外，只要滑動滑鼠滾輪，就能縮放。藉由變更模型的角度與大小，就能測量細部的厚度。

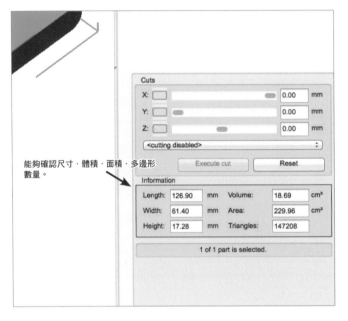

能夠確認尺寸‧體積‧面積‧多邊形數量。

在測量尺寸、體積時，可以透過右下方的區域來確認數據。除了縱深‧長度‧高度‧體積以外，也能檢查面積與多邊形數量。

5 -3-4 其他的免費 3D 資料檢測軟體

到目前為止，我們使用了 netfabb Studio Basic 來進行說明，但除了這套軟體以外，還有其他免費的 3D 資料檢測軟體。

[1] MiniMagics

這是 Materialise 公司所提供的免費檢測軟體。能簡單地標示出在列印 3D 資料時會出現的各種錯誤（單一薄殼、翻轉法線方向、多邊形未閉合現象等）。若要修正錯誤的話，必須使用名為「Magics」的付費軟體，透過 MiniMagics，只能顯示錯誤。

[2] MoNoGon

MoNoGon 是日本的免費軟體，只能用來檢測錯誤。若想修正錯誤的話，則需付費，一日憑證為 800 日圓，3 個月憑證為 2 萬 9800 日圓，一年份的憑證為 10 萬日圓。

[3] Goemagic XOM

這是 3D Systems 公司所提供的免費檢測軟體。雖然是為 3D 掃描器所設計的輔助工具軟體，但也能用來製作 3D 列印機專用的資料，而且具備網眼修正功能、增厚功能等。

One Point!

降低產品的彎曲程度

比起內部塞滿東西的狀態，藉由刪去內部物件，比較能夠防止「名為凹痕的凹陷處」與「產品彎曲」等情況發生。當產品的尺寸在 50mm 見方以上時，必須特別留意這一點。在刪去內部物件時，基於產品強度的考量，我們建議大家至少要保留 2、3mm 的厚度。另外，為了去除製造過程中產生的液態樹脂、粉末樹脂、支撐材，所以必須事先設置用來去除材料的孔。

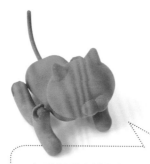

有助於降低製造成本的技巧

用來降低製造成本的技巧，主要會跟「能夠如何減少材料的體積或表面積」這一點有關。製造成本會依照體積或表面積而產生變化。請大家透過 3D 列印服務來確認目前所使用的材料的資訊，並確認「會影響製造成本的要素是體積還是表面積」這一點。當製造成本受到體積影響時，只要將尺寸縮小 20%，價格就會減少將近一半。

※在縮小產品尺寸時，請留意製造時所需具備的最低厚度。每種材料的最低厚度都不同，請大家確認各材料的製造指南。

只要將尺寸縮小 20%，就能刪去約 50%的體積，使製造成本降到約一半。

第6章
來進行 3D 列印吧

在本章中，我們會實際透過 3D 列印來製作產品。來確認能夠成為個人創作強力後盾的 3D 列印機所具備的奇妙實力吧！在第 1 節中，我們會使用 MakerBot 公司所販售的個人 3D 列印機「Replicator 2X」，來實際列印我們在第 3、4 章中所完成的 3D 模型資料。同時也會介紹 3D 列印機的疑難排解方法與使用訣竅。另外，在第 2 節中，我們會介紹 Replicator 2X 以外的個人 3D 列印機的產品陣容，在第 3 節中，則會介紹能夠透過網路來運用的 3D 列印服務。

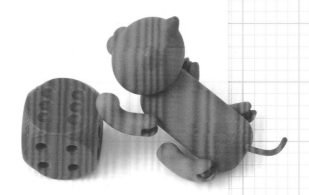

閱讀本章的時機

☐ 想要確認 3D 列印機的操作方法時

☐ 進行 3D 列印的過程中遭遇問題時

☐ 想要知道個人 3D 列印機的產品陣容時

☐ 使用能夠進行 3D 列印的網路服務時

6-1-1 何謂 Replicator 2X

Replicator 2X 是 MakerBot 公司所販售的 3D 列印機，在一般使用者取向的 3D 列印機當中，屬於最主流的機種之一（Fig6-1-1）。以網路為主，人們累積了許多有助於熟練使用 Replicator 2X 的秘訣，對於今後想要購買 3D 列印機的人來說，此機種應該會成為首選之一吧。關於「其他 3D 列印機的產品陣容」與「3D 列印機的購買方法」等事項，請參閱本章的第 2 節。

Replicator 2X 採用「熔融沉積成型法」來進行 3D 列印。支援的列印材料為 ABS 樹脂與 PLA 樹脂這兩種，列印時的準確度能達到 0.1mm 的層高。另外，藉由交替使用 2 種不同顏色的樹脂，也能進行雙色列印。關於各種樹脂的特徵與層高，稍後會另外詳細解說。

Fig6-1-1 是 Replicator 2X 的外觀與進行 3D 列印時的內部模樣。一邊將樹脂加熱，使其融解，一邊輸出，使樹脂在底座上堆疊，進行 3D 列印（參閱第 1 章第 4 節）。用來融解並輸出樹脂的零件「擠出機（Extruder）」，以及用來當做 3D 列印機底座的「建造板（Bulid Plate）」，都是在本章中會經常用到的關鍵字。

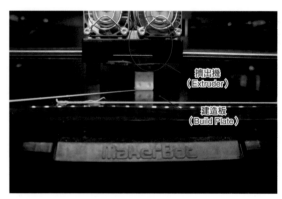

【Fig6-1-1 Replicator 2X 的外觀與進行 3D 列印時的模樣】

-1-2 ｜ Replicator 2X 的事前準備

在進行 3D 列印前，要先進行 Replicator 2X 的事前準備。藉由事先確實地詳細檢查 Replicator 2X 的狀態，就有助於提昇 3D 列印的成功率。以下是事先準備的順序和檢查重點。

[1] 安裝

水平地將 Replicator 2X 安裝在穩固的底座上。藉由穩固地安裝設備，有助於減少 3D 列印時的震動、提昇產品的完成度、減少噪音。若希望事前準備更加萬無一失的話，只要在 Replicator 2X 和底座之間貼上耐震凝膠，就能更有效地減少震動。

[2] 清理建造板

擦掉建造板上的髒汙和油脂（Fig6-1-2）。當建造板上出現髒汙時，在 3D 列印過程中，產品就容易從建造板上剝落，導致 3D 列印失敗。只要使用沾有酒精的布，就能更加乾淨地去除髒汙和油脂。

【Fig6-1-2 擦掉建造板上的髒汙】

[3] 調整建造板的水平度

從 Replicator 2X 的主體設定選單中選擇「Utilities」→「Level Build Plate」（Fig6-1-3），調整建造板的水平度。建造板只要一傾斜，就會變得無法讓擠出機與建造板之間維持均等且適當的距離。擠出機與建造板之間的距離一旦過大，樹脂與建造板的附著力就會下降，在 3D 列印過程中，產品會變得容易剝落。相反地，當擠出機與建造板之間的距離過小時，擠出機就會無法充分地擠出樹脂，導致擠出機內部塞滿樹脂。

使用 Replicator 2X 時，必須將建造板和擠出機之間的距離調整到 0.1mm。由於 Replicator 2X 所附贈的卡片厚度剛好就是 0.1mm，所以請大家一邊將擠出機移動到建造板上方，一邊依照各項重點，將建造板和擠出機之間的距離調整到 1 張卡片的厚度（Fig6-1-4）。藉由轉緊或轉鬆建造板內側的螺絲，就能調整建造板的高度。由於建造板的水平度調整會大幅影響 3D 列印的成功率，所以每次在進行 3D 列印前，最好都要調整。在本章的疑難排解單元中，會提到因為疏於調整建造板的水平度而導致列印失敗的實例。

【Fig6-1-3 Replicator 2X 的主體設定選單】

【Fig6-1-4 Replicator 2X 的水平度調整（將擠出機與建造板之間的距離調整為 0.1mm）】

[4] 裝設絲狀樹脂（Filament）

從 Replicator 2X 的選單中選擇「Utilities」→「Change Filament」，在擠出機上裝設絲狀樹脂（Filament）。絲狀樹脂指的是，用來當作 3D 列印材料的塑膠（樹脂）。如同 Fig6-1-6 那樣，在網路商店等處有販售各種顏色的絲狀樹脂，所以大家可以挑選喜愛的顏色，將其列印成產品。Replicator 2X 所支援的絲狀樹脂種類為 ABS 樹脂與 PLA 樹脂。一般來說，ABS 樹脂與 PLA 樹脂以下列這些特徵而聞名。

[ABS 樹脂的特徵]

■ 具有黏性，能夠讓產品具備一定的強度。（常被用來製作玩具等工業產品）

■ 由於其特性為溫度一旦下降，就會收縮（熱收縮性高），所以在 3D 列印過程中，有時會發生「ABS 樹脂在凝固時收縮，導致 3D 列印失敗」的情況。

[PLA 樹脂的特徵]

■ 即使溫度下降，也不易收縮（熱收縮性低），所以能夠穩定地進行 3D 列印。

■ 融解溫度低，只要將產品放置在高溫環境下，就可能會融解。

　　日用品、玩具、飾品這類日常生活中會使用到，且會受到碰撞的物品，適合採用能維持一定強度的 ABS 樹脂。在之後的章節中，我們會使用 ABS 樹脂製成的絲狀樹脂來列印這類日用品。

【Fig6-1-5 將絲狀樹脂裝設在擠出機上】

【Fig6-1-6 各種顏色的絲狀樹脂】

217

為了透過 Replicator 2X 來進行 3D 列印，所以必須製作 Replicator 2X 專用的 3D 列印資料。藉由使用 MakerBot 公司所提供的軟體「MakerWare」，就能將用 CAD 軟體製作出來的 STL 檔或 OBJ 檔轉換成 Replicator 2X 專用的 3D 列印檔案格式（X3G 檔）。在本章節中，我們會解說使用 MakerWare 來製作 X3G 檔的順序（在解說中，使用的是 Mac 版的 MakerWare 2.2.2.57 版）

[1] 讀取 STL 檔，配置產品

執行 MakerWare，點選「File」→「Open」，讀取 STL 檔後，就會出現如同 Fig6-1-7 那樣的主視窗（在這裡，我們開啟的檔案是，在第 3 章所製作的骰子模型的 STL 檔）。此視窗內的灰色平面的用途在於，以 3D 的方式來模擬 Replicator 2X 的建造板。藉由在此平面上變更產品的位置、方向、比例尺，就能調整實際列印出來的產品的位置、方向、比例尺（操作時，會使用配置在視窗左側的各種操作按鈕）。

想要將產品配置在建造板中央時，只要從各種操作按鈕中選擇「Move」按鈕，然後按下「Center」按鈕，產品就會移動到建造板中央。另外，想要將浮在空中的產品配置在建造板中央時，只要選擇「Move」按鈕，再按下「On Platform」按鈕，產品就會移動到建造板上。

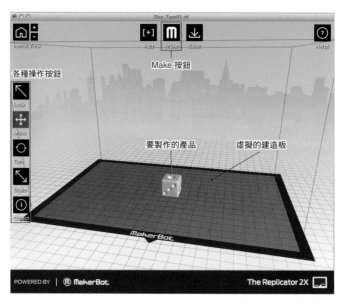

【 Fig6-1-7 MakerWare 的主視窗 】

[2] 進行 3D 列印設定

在主視窗完成調整後，就按下視窗頂部中央的 Make 按鈕吧。如此一來，就能開啟如同 Fig6-1-8 那樣的設定視窗。在此視窗內調整各個項目，進行 3D 列印的各種設定。接下來，我們

會個別地針對視窗內能夠設定的項目來進行解說。（各解說項目的編號，會對應設定視窗圖片中所記載的項目編號）。

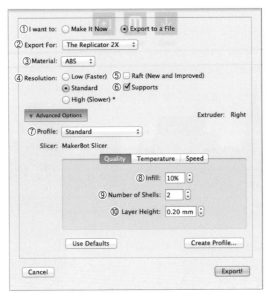

【Fig6-1-8 MakerWare 的 3D 列印設定視窗】

[**基本設定**]

　　設定視窗的上半部（①～⑥）是 3D 列印的基本設定。藉由設定這些基本項目，就能簡單地完成 3D 列印所需的必要設定。

① I want to：
在這項設定中，要選擇將檔案從 PC 中傳送到 Replicator 2X 的方式。只要點選「Make It Now」，就能夠讓 Replicator 2X 透過 USB 線直接讀取 PC 的檔案（必須用 USB 線將 PC 與 Replicator 2X 相連）。只要點選「Export to a file」，就能製作 Replicator 2X 專用的 3D 列印檔案格式，也就是 X3G 檔。在這種情況下，要先將製作完成的 X3G 檔複製到 SD 卡中，再將 SD 卡插進 Replicator 2X 中，讀取檔案。

② Export for：
選擇欲使用的 3D 列印機的機種名稱。

③ Material：
選擇要使用 ABS 樹脂或 PLA 樹脂來進行 3D 列印。

④ Resolution：
可從 Low、Standard、High 這 3 種中來選擇 3D 列印品質。Low 的 3D 列印準確度較低（層高較大），但能在短時間內完成 3D 列印。選擇 High 的話，雖然準確度高（層高較小），但需要

花費較多時間來列印。3D 列印時間與層高成反比。在 Replicator 2X 中，將 Resolution 設定為 Low 時，層高為 0.3mm，設定為 High 時，層高則為 0.1mm，因此與 Low 相比，High 能夠提昇 3 倍的準確度，但在進行 3D 列印時，也需花費 3 倍的時間。

⑤ Raft：

設定是否要在產品主體下方列印 Raft。Raft 指的是，如同 Fig6-1-9 那樣，在產品下方列印的塑膠層。藉由列印 Raft，就能減少產品主體在建造板上出現彎曲或剝落的情況。

⑥ Support：

設定是否要同時列印產品與支撐材。支撐材指的是，如同 Fig6-1-9 那樣，用來支撐產品主體的樹脂。在列印中空的產品或形狀傾斜的產品時，藉由同時列印支撐材，就能防止產品在 3D 列印過程中出現變形情況。透過 MakerWare，會自動決定要插入支撐材的位置。想要自己指定支撐材的位置時，只要製作用來代替支撐材的 3D 模型，並將其配置、附加在產品旁即可。

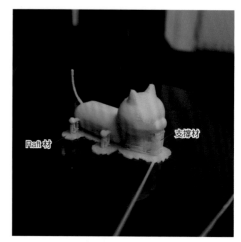

【Fig6-1-9 Raft 材與支撐材】

One Point!

多留意 3D 列印的方向設定吧

這是因為，如同 Fig6-1-10 那樣，支撐材的量與不易剝落性會隨著產品的方向而改變。根據情況，我們可能必須使用更多支撐材，讓支撐材變得更加不易剝落。

在剝下支撐材時，產品上有時候會留下痕跡。出現這類痕跡時，只要用銼刀

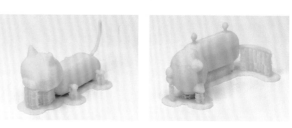

【Fig6-1-10 產品方向與必要支撐材的差異】

修整，就能去除部分痕跡。如果很在意產品美觀的話，最好設定產品的方向，以讓支撐材插入不會引人注意的產品背面。另外，只要使用超音波切割刀，就能非常簡單地去除支撐材。

[應用設定]

　　設定視窗的下半部（⑦〜⑪）是 3D 列印的應用設定。在這裡，可以設定基本設定中沒有網羅到的詳細項目。在使用 Replicator 2X 時，經常會出現光靠基本設定無法順利進行 3D 列印的情況。在這種情況下，請試著調整各種應用設定，然後再次嘗試列印。

⑦ Profile：

簡單地說，Profile 就是用來詳細地指定 3D 列印條件的設定檔。藉由獨自地製作設定檔，就能夠非常詳細地指定 3D 列印條件。從此處的設定項目中，可以叫出保存在 PC 中的個人設定檔。

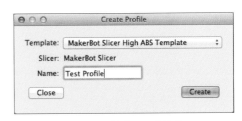

【 Fig6-1-11 建立新 Profile 的畫面 】

沒有特別想要自己製作 Profile 時，Profile 的數值就會與基本設定內的④Resolution 設定的 Low/Standard/High 產生連結，自動地被設定為 Low/Standard/High 其中之一。

想要製作獨自的 Profile 時，請按下設定視窗下方的「Create Profile」按鈕。由於畫面上會出現如同 Fig6-1-11 般的彈出式視窗，所以要選擇用來當作範本的 Profile，並輸入新的 Profile 名稱，然後按下「Create」按鈕（在這裡，我們將「MakerBot Slicer High ABS Template」這個 Profile 當作範本，製作出名為「Test Profile」的新 Profile）。只要按下「Create」按鈕，就會開啟如同 Fig6-1-12 那樣的純文字視窗。在這裡，舉例來說，只要將「supportDensity:0.2」的數字變更為「supportDensity:0.5」，並儲存這個純文字檔，就能製作這個能以更高的密度來插入支撐材，進行 3D 列印，且名為「Test Profile」的 Profile。之後，隨時都能夠從 Profile 設定將新製作而成的「Test Profile」叫出來。

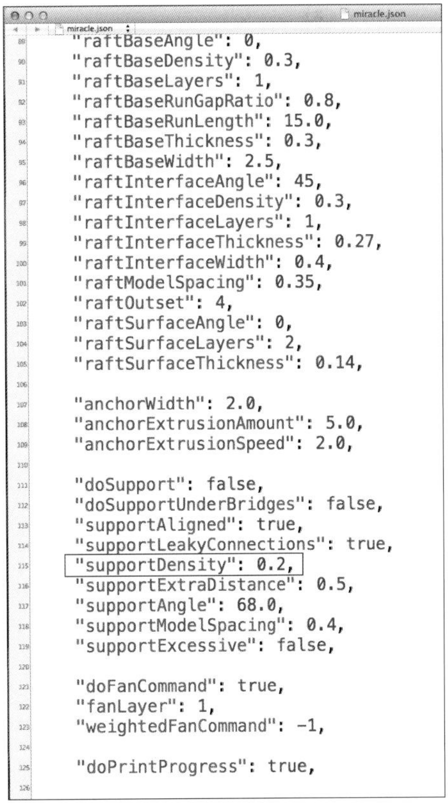

　　關於更詳細的 Profile 編輯方法，請參閱 MakerBot 公司的網站。

【 Fig6-1-12 Profile 編輯畫面 】

⑧ Infill：

在列印內部被 100％填滿的 3D 模型資料時，我們可以設定產品的內部密度。藉由更改 Infill 的數值，產品內部的密度就會如同 Fig6-1-13 那樣地產生變化。MakerWare 的初始設定為 10～15％，所以列印出來的產品會如同 Fig6-1-13 那樣。雖然只要將 Infill 的數值調低，就能節省 3D 列印材料，不過由於內部會變得稀稀疏疏，所以產品的表面有可能會變得不平均（Fig6-1-14）。

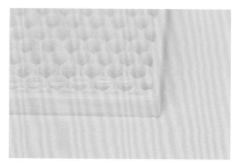

【Fig6-1-13 Infill：產品內部的密度（左 15％，右 30％）】

【Fig6-1-14 Infill 過低時會對產品造成的影響（左邊物件的表面變得不平均）】

⑨ Number of Shells：

設定產品外部表面的層數。層數愈多，產品就會變得愈堅固（Fig6-1-15）。

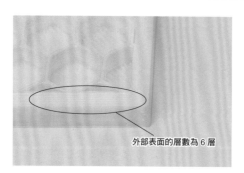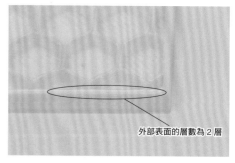

外部表面的層數為 6 層　　　　　　外部表面的層數為 2 層

【Fig6-1-15 Number of Shells：產品表面的層數（左邊為 6 層，右邊為 2 層）】

⑩ Layer Height：

設定層高。數值設定得愈小，產品的完成會愈高（Fig6-1-16）。在 Replicator 2X 中，能夠設定的最小數值為 0.1mm。

⑪ Temperature：

設定擠出機與建造板在 3D 列印過程中的溫度（Fig6-1-17）。將擠出機與建造板的溫度設定得較高時，樹脂會變得比較容易融解，使產品與建造板緊緊相連，不易剝落。不過，要是溫度設定得太高，擠出機就會產生受損的危險。順便一提，我平常在使用 ABS 樹脂進行 3D 列印的時候，會將溫度設定為預設值（230°C），當產品出現嚴重的彎曲或剝落情況時，我會將溫度提昇到 240°C 左右。基本上，要事先將設定視窗內的「Heat the Build Plate」的核取方塊打勾。如果沒有打勾，在 3D 列印時，建造板就不會被加熱，而且溫度會下降，導致產品在 3D 列印過程中變得容易剝落。

⑫ Speed：

設定 3D 列印中的擠出機的移動速度（Fig6-1-18）。Speed while Extruding 是指擠出樹脂時的移動速度，Speed while Traveling 則是指沒有擠出樹脂時的移動速度。在 MakerWare 中，能夠在 10～200mm/s 範圍內設定各自的速度。移動速度若是過快，3D 列印的準確度就會下降。另一方面，若將移動速度設定得較慢，3D 列印就需花費較多時間才能完成。只要沒有特別的急事，我在進行 3D 列印時，會將 Speed while Extruding 和 Speed while Traveling 都設定為 40mm/s。我個人認為，透過此設定，準確度與列印時間會達到最佳平衡。

【Fig6-1-16 從左到右，層高為 0.3mm、0.2mm、0.1mm。層高愈小，成品愈漂亮。】

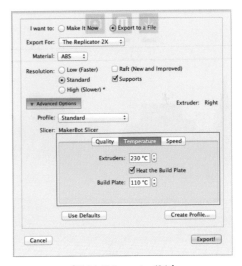

【Fig6-1-17 Temperature 設定】

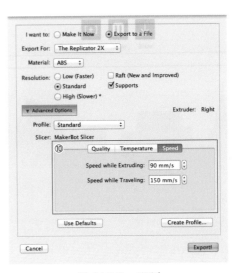

【Fig6-1-18 Speed 設定】

完成 3D 列印的設定後，只要按下設定視窗下方的「Export」按鈕，就會依照我們在前述的①I want to 中所設定的方式來輸出 3D 列印資料。

6-1-4 產品的 3D 列印

只要讓 Replicator 2X 讀取 3D 列印專用的資料，Replicator 2X 就會開始加熱擠出機和建造板。加熱完畢後，就會自動地開始進行 3D 列印。

以下是使用在第 3、4 章製作的 3D 資料列印出來的結果（Fig6-1-19～22）。

【Fig6-1-19 骰子】

【Fig6-1-20 戒指】

【Fig6-1-22 貓玩偶】

【Fig6-1-21 玩具車】

我們大致上能夠像這樣忠實地列印出模型。只要仔細觀察，就能看出「曲線稍微扭曲、表面出現層高所導致的凹凸不平」等各種特徵或痕跡。舉例來說，在 Fig6-1-19 的紅色骰子中，不同角度的圓滑程度多少有些差異，Fig6-1-21 的玩具車的輪胎表面等處則出現了明顯的凹凸不平。雖然事實上，以 Replicator 2X 為首的個人列印機，在可列印尺寸、準確度、堅固程度等方面是受到限制的，不過藉由熟練使用機器，在製作小東西・飾品或 DIY 用途方面，還是能夠相當充分地發揮其性能。

6-1-5 | 疑難排解

　　個人 3D 列印機是個仍在發展中的領域。個人使用者在運用個人 3D 列印機時，在 3D 列印過程中，經常會遇到問題。在 Fig6-1-23 這個例子中，由於使用者疏於調整建造板的水平度，所以產品在 3D 列印過程中從建造板上剝落，導致機器持續在空中進行 3D 列印（雖然這樣也許也可以說是有趣的產品……）。在本章節中，我們會介紹使用 Replicator 2X 時主要會遇到的問題、有助於解決問題的提示。

【Fig6-1-23　3D 列印失敗的淒慘產品】

[1] 在 3D 列印過程中，
　　　　產品從建造板上剝落，或是產品往上翹

　　最常出現的問題應該就是「產品從建造板上剝落」與「產品往上翹」吧（Fig6-1-24）。在這種情況下，請試著確認以下的重點吧。

■ 是否有正確地調整建造板的水平度？如果沒有正確地調整水平度，產品與建造板之間的附著力就會下降，導致產品容易從建造板上剝落。

■ 試著同時列印出 Raft（在產品下方列印的塑膠層，詳細說明請參閱 6-1-3⑤）吧。藉由讓 Raft 緊緊地黏在建造板上，就能減少產品主體往上翹的情況。

【Fig6-1-23　產品往上翹的狀態】

■ 試著使用 MakerWare 所提供的 Helper Disk 吧。Helper Disk 指的是，除了產品主體以外，另外再列印的圓形薄塑膠層。如同 Fig6-1-25 那樣，藉由將 Helper Disk 配置在產品的邊緣等處，就能防止剝落或彎曲的情況發生。只要點選 MakerWare 選單中的「File」→「Example」→「Helper Disk」，就能插入 Helper Disk。完成 3D 列印後，就使用鉗子等工具來去除 Helper Disk 部分吧。

【Fig6-1-25 Helper Disk】

■ 只要用銼刀來摩擦黏貼在建造板上的 Kapton 膠帶（耐熱絕緣膠帶）的表面，或是事先將整理頭髮用的定型噴霧的液體滴在建造板上，似乎就能提昇產品與建造板之間的附著力。順便一提，我有使用過 GATSBY 的定型噴霧，我覺得有效，附著力有稍微提昇。在網路上的 3D 列印機討論區，人們正在熱烈地討論這類訣竅。我們會在本章節最後介紹這類訣竅，請當作參考。

[2] 在 3D 列印過程中，擠出機被樹脂塞住

在 3D 列印過程中，擠出機被樹脂塞住，導致列印途中變得無法擠出樹脂。這種狀況也經常發生。

這種狀況一旦發生，就必須將塞在擠出機中的樹脂去除掉。首先，試著拆解擠出機吧。擠出機的阻塞大致上可以分成兩種狀況。一種是絲狀樹脂在擠出機內折斷，另一種則是樹脂塞在擠出機前端的噴嘴中（Fig6-1-26）。如果是前者的話，只要將折斷的絲狀樹脂取出，就能消除狀況。若是後者，就必須將噴嘴加熱，使內部的樹脂融解，將塞在裡面的樹脂挖出來。

順便一提，在挖出噴嘴中的阻塞物時，我會使用金屬絲等既細小又堅固的金屬來把東西挖出來（如果使用牙籤等容易折斷的棒狀物的話，該物就可能會在噴嘴內部折斷，使情況變得更加悲慘。有些人曾經實際遇過這種狀況，並在網路上分享自己的經驗）。另外，在挖出時，如果使用比噴嘴的直徑 0.4mm 來得

【Fig6-1-26 擠出機會發生阻塞情況的 2 個位置】

粗的金屬絲，就會使噴嘴受損，因此要使用直徑比 0.4mm 來得細的金屬絲（鋼琴線等）。不過，這裡所介紹的阻塞物去除方式並非 MakerBot 公司所推薦的方法。在作業時，請大家要充分留意，避免燒燙傷，並要自己承擔責任。

　　設法讓樹脂不易塞住也很重要。如同 Fig6-1-27 那樣，藉由變更絲狀樹脂（絲狀樹脂裝設架）的方向，就能更加順暢地將絲狀樹脂輸送給擠出機。

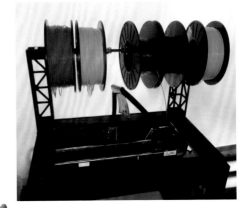

【Fig6-1-27 brackett27 所設計的直立型絲狀樹脂捲軸（http://www.thingiverse.com/thing:74050）】

One Point!

大家可以到 MakerBot 公司所經營的 3D 資料社群網站「Thingiverse」（http://www.thingiverse.com/）下載「特殊形狀的絲狀樹脂捲軸」等用於 3D 列印機的自訂零件的 3D 資料。藉由列印、安裝下載完成的 3D 資料，使用者就能持續地自訂 3D 列印機，使其變得更加好用。

[3] 產品會收縮

　　使用 ABS 樹脂製的絲狀樹脂時，由於 ABS 樹脂的熱收縮性，所以產品實際上會變得比原訂尺寸來得小。

　　實際列印出來後，發現尺寸不合時，只要先在 MakerWare 的設定中，將比例尺稍微放大一點，然後再列印就行了。由於我們無法正確預測產品會縮小到什麼程度，所以只能一邊嘗試一邊調整。不過，一般來說，大多會比原訂尺寸小約 1%。

[4] 產品表面變得凹凸不平

　　人們認為會導致這種狀況的原因之一在於，在列印「3D 列印面積較小的層」時，由於上一層樹脂還沒凝固前，下一層就會開始列印，所以無法維持各層形狀，並會導致表面扭曲，變得凹凸不平（Fig6-1-28）。

【Fig6-1-28 當上層為 3D 列印面積很小的層時，產品表面會變得凹凸不平】

227

透過 MakerWare 的 Speed 設定，將擠出機的移動速度調慢吧。藉由將速度調慢，使「列印一層的時間」變得比「樹脂凝固的時間」來得長，就能在前一層確實凝固後，再列印下一層，所以能夠避免狀況發生。

[5] 在 3D 列印過程中，擠出機和產品發生碰撞

由於 Replicator 2X 支援雙色列印，所以會配備 2 個擠出機。使用單色來進行 3D 列印時，雖然只會使用其中一個擠出機，但在 3D 列印過程中，產品有可能會與閒置中的擠出機發生碰撞，導致產品損壞。

採用單色列印時，下定決心把閒置中的另一個擠出機拆下，也是一種方法。如同 Fig6-1-29 那樣，我們只要大幅提高閒置中的擠出機的位置，並將其固定，就能避免產品在列印過程中與該擠出機發生碰撞而受損。只要將用來固定擠出機的螺帽鬆開，就能輕易地變更擠出機的高度。

提高閒置中的擠出機的位置，並將其固定

【Fig6-1-29 提高閒置中的擠出機的位置，並將其固定】

[6] Replicator 2X 在列印時發出怪聲

當 Replicator 2X 在列印過程中發出怪聲時，有可能是 Replicator 2X 的可動部分缺少潤滑油，也可能是 3D 列印設定不完善所造成的。

在 Replicator 2X 主體設定中，請確認「Info and Settings」→「General Settings」→「Accelerate」是否有調成 ON。只要將 Accelerate 的設定調成 ON，擠出機的速度變化曲線就會變得平滑。在 Accelerate 的設定被設成 OFF 的狀態下，只要將擠出機的移動速度調快，擠出機的速度就會產生急遽變化，因此 3D 列印機就可能會發出怪聲。將擠出機的移動速度設定在 40mm/s 以上時，請將 Accelerate 的設定調成 ON 吧。

包含上述的[1]～[6]的疑難排解項目在內，網路上已經累積了各種訣竅。遇到問題時，只要參閱網路上的資訊，也許就能找到解決方法。在以下的 Google 社群論壇中，人們正在熱烈地討論 3D 列印機。當我遇到問題時，總是能從這些社群網站中獲得幫助。

Japan Makerbot User Group

https://groups.google.com/forum/#!forum/jmb-ug

MakerBot Operators（英文）

https://groups.google.com/forum/#!forum/makerbot

6-2-1 個人 3D 列印機

　　近年來，隨著創作熱潮的高漲，3D 列印機非常受到矚目，各廠商發表了許多產品，從一般使用者取向的廉價機種到專業取向的旗艦機種都有。由於 3D 列印機的價格逐漸下滑，所以即使是個人，也能輕易地購買小型的個人 3D 列印機來從事創作。關於 3D 列印機的代表性 3D 列印方式的概要，請參閱第 1 章。在這裡，我們要特別介紹幾款一般使用者也買得到的個人 3D 列印機。（關於各機種的規格，請參閱網路上公開的資訊）。

■ Makerbot 公司的 Replicator 2X 與 Cubify 公司的 CubeX（Fig6-2-1）是採用熔融沉積成型法的代表性機種，大約能以 3000 美元以內的低價買到。

■ 在日本，可以透過「BRULÉ」這家代理商來購買 Replicator 2X 與 CubeX。另外，尤其是 CubeX，在 Yodobashi Camera、Bic Camera、山田電機等家電量販店也開始買得到。透過採用熔融沉積成型法的 3D 列印機，只要層高愈小，就能完成缺點較少的高完成度 3D 列印產品。透過這些機種，能達到的層高為 0.1mm 以下。

■ Formlabs 公司的 Form 1（Fig6-2-2）是以樹脂（液態樹脂）作為材料的光固化 3D 列印機。以往，採用光固化技術的 3D 列印機大多很昂貴，主要為營業用途。Form 1 雖然比較便宜，但層高為 0.025mm，能夠進行高解析度的 3D 列印。

　　雖然上述所介紹的 3D 列印機都是國外廠商所販售的機種，但日本的廠商也正在積極地研發 3D 列印機。Genkei 公司的 atom 3D Printer（Fig6-2-3）是號稱層高僅有 0.025mm 的熔融沉積式 3D 列印機。atom 3D Printer 的販售形式不是完成品，而是組裝套件，而且廠商還提供了用來組裝 atom 3D Printer 的作坊。透過作坊，3D 列印機使用者可以互相交流，有助於促進使用者的討論風氣。

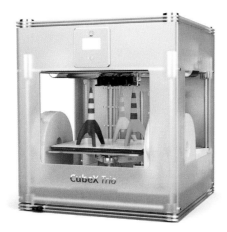

【Fig6-2-1　Cubify「CubeX」】

【Fig6-2-2　Formlabs「Form 1」】

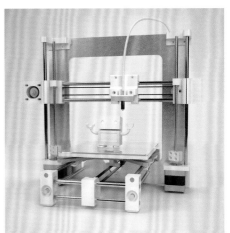

【Fig6-2-3　Genkei「atom 3D Printer」】

231

　　採用 AM 製造設備（Additive Manufacturing：積層製造）的網路服務比個人 3D 列印機更加正式。只要利用這類服務，就能製作出品質與工業製品沒有兩樣的產品。在這裡，我們主要介紹在日本價格比較低廉的服務。

【 網路 3D 列印服務的介紹 】

iJET

- 支援多種材料，除了尼龍樹脂、ABS 樹脂、壓克力樹脂以外，也能使用彩色石膏來進行 3D 列印。
- 網址：http://www.ijet.co.jp/

DMM 3D 列印

- 除了尼龍樹脂、壓克力樹脂以外，也能使用銀、鈦等金屬材料來進行 3D 列印。
- 網址：http://make.dmm.com/

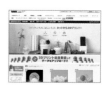

tkls

- 支援各種 3D 列印方式，支援壓克力樹脂、ABS 樹脂、尼龍樹脂等多種材料。
- 網址：http://www.tkls.co.jp/

INTER-CULTURE

■ SOLIZE 公司所提供的個人取向 3D 列印服務。除了壓克力樹脂、尼龍樹脂、ABS 樹脂以外，也支援帶有木材質感的材料、橡膠質感材料等各種材料。

■ 網址：http://inter-culture.jp/

東京 Lithmatic

■ 這是提供了各種印刷相關服務的東京 Lithmatic 公司所親自經營的 3D 列印服務。支援「使用彩色石膏來進行 3D 列印」，以及「使用壓克力樹脂來進行光固化 3D 列印」。顧客也可到位於日本神田的門市申請列印服務。

■ 網址：http://www.lithmatic.net/3dprinter/

rinkak

■ 能夠讓顧客上傳 3D 資料，並販售產品的 3D 列印創作服務。除了樹脂以外，也能使用陶瓷與金屬等各種材料來進行 3D 列印。

■ 網址：http://www.rinkak.com/

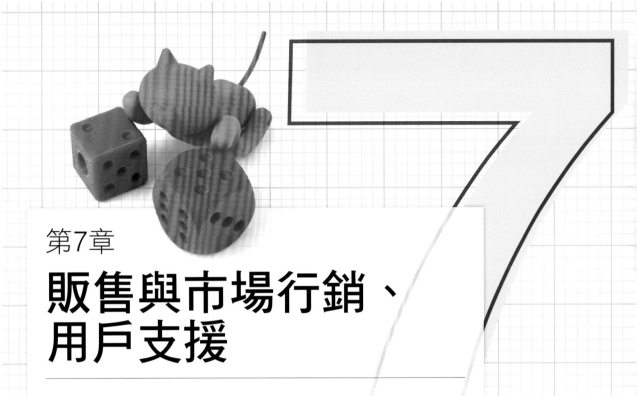

第7章
販售與市場行銷、用戶支援

本章會說明關於產品完成後的販售與市場行銷工作，以及售後服務（用戶支援）。雖然個人獨自欣賞產品也不錯，不過由於機會難得，所以如果將產品賣給想要該作品的人，也許就能開創新的可能性。因此，我們首先要介紹能夠實際販售產品的服務。接著，會說明關於必要的價格制定的 3 個方法、關於產品購買者的行為模式，以及市場行銷觀點的理論。接著，最後會針對「提供給購買了產品的使用者的售後服務」來說明公式化的手法。

閱讀本章的時機

☐ 想要販售做好的產品時

☐ 想要讓用戶支援與售後服務變得更充實時

7 **-1-1** 活用 3D 列印創作的電子交易市集吧

　　產品終於完成了。如果這是個人興趣的話，這樣就結束了，但在這世上，也許有人會想要購買你創作的產品。在這種情況下，就要談論第 5 階段，也就是販售與宣傳。首先是販售，可以在跳蚤市場之類的場所販售，也能在網路上開店販售產品。

　　透過網路上的 3D 創作電子交易市集，只要將 3D 資料上傳，就能販售產品。藉由利用這種電子交易市集，就能讓更多人使用自己製作的產品。在本章節，我們將介紹國外的 3D 創作電子交易市集。

Shapeways

■ 總部位於紐約的 3D 列印創作電子交易市集。每天都有人上傳飾品、小器具、DIY 零件等各種產品。網站上陳列著使用樹脂、陶瓷、金屬等各種材料製成的產品。截至目前（2013 年 10 月）為止，網站只有英文介面，沒有中文介面，也不支援台幣。

■ 網址：http://www.shapeways.com/

sculpteo

■ 總部位於法國，以歐洲為發展重心的 3D 列印創作電子交易市集。該公司不僅經營電子交易市集，也發展了 iPhone 應用軟體與 API（應用程式介面）供應等服務。截至目前（2013 年 10 月）為止，網站只有英文和法文介面，也不支援台幣。

■ 網址：http://www.sculpteo.com/

i.materialise

■ 總部位於比利時的 3D 列印創作電子交易市集。這是身為 3D 資料檢測軟體與修正軟體供應商的 Materialise 公司所經營的個人取向 3D 列印服務。截至目前（2013 年 10 月）為止，網站只有英文介面，沒有中文介面，也不支援台幣。

■ 網址：http://i.materialise.com/

rinkak

- 日本第一個 3D 列印創作電子交易市集，總部位於東京。每天都有人上傳飾品、小器具、玩偶等各種產品。支援多種材料，除了尼龍樹脂、ABS 樹脂、壓克力樹脂以外，也能使用彩色石膏來進行 3D 列印。當然是日文介面，也支援日幣。
- 網址：http://www.rinkak.com/

7 -1-2 使用 3D 列印創作電子交易市集「rinkak」來試做、販售產品

在本章節，我們要說明從實際試做產品到販售產品的過程。我們所使用的服務是，本書作者所任職的 kabuku 股份有限公司經營的 3D 列印創作電子交易市集「rinkak」。

[1] 從檔案上傳到試做

點擊首頁上方的「製作」連結。

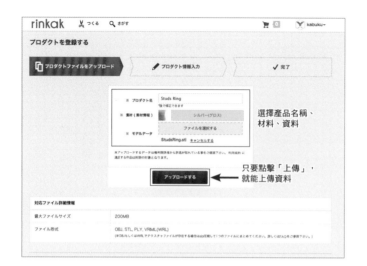

輸入產品名稱，選擇模型資料檔案，
點選製作材料，然後點擊「上傳」。

選擇產品名稱、
材料、資料

只要點擊「上傳」，
就能上傳資料

上傳作品的圖片，並輸入各項資料
後，點擊「儲存產品資訊」。

輸入產品名稱、
廣告標語、產品說明

輸入各項資料後，
儲存產品資訊

只要點擊位於產品編輯頁面下方的
「試做此產品」按鈕，就能試做產
品。

只要點擊此處，
就能試做

[2] 產品的販售

登入後，請點擊帳戶頁面選單中的「產品一覽」。

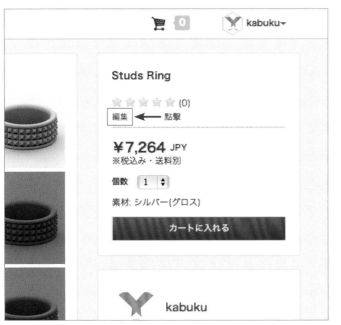

點擊位於各產品頁面的產品名稱附近的「編輯」連結。

上傳產品照片，並輸入各項資料後，點擊「登記」。販售價格需輸入半形數字。在價格欄中，不能輸入「,」、「¥」、「円（日圓）」。

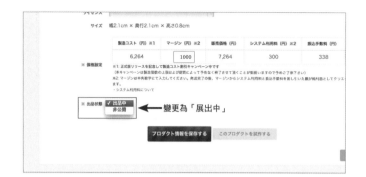

在展出狀態的欄位選擇「展出中」。

確認過各項內容後，請點選「儲存產品資訊」。這樣就能將產品放到 rinkak 電子交易市集展出。

產品已展出。

240

7-2-1 制定價格的方法

在本章節，我們要簡單地說明代表性的價格制定方法。基本上，價格是依照產品價值來制定的。因此，在決定價格前，必須先決定產品的價值。在這裡，我們要介紹關於「3 種依照產品價值來決定價格的代表性方法」的觀點。

[1] 成本導向定價法

此方法會將產品的製造成本、製作 3D 資料所需的費用、其他費用視為產品的價值。將此價值加上目標利潤後，就會成為產品價格。以一般量產品來說，定價大多為「產品價值加上製造成本的 30%～60%」。也有人會更進一步地透過產品的獨特性、構想、設計、體驗、功能來提昇產品價值。這些就是所謂的附加價值。

[2] 競爭導向定價法

此方法會依照對手公司的產品價格來決定自家產品的價格。由於不必計算成本，也不用分析需求，所以能夠輕易地決定價格。也有人基於「自家產品的附加價值比對手產品來得高」的考量而調高產品價格。另外，也有依照慣例來決定價格的市場，在這種市場中，即使將價格調得比市場價值低，需求大多還是不會有所成長。舉例來說，在文具店內，原子筆的售價一般介於 200日圓～300 日圓，我們應該可以輕易地想像得到，就算將原子筆的價格訂為 180 日圓，需求也不會突然增加。

[3] 需求導向定價法

此方法會依照「目標課群認為產品有多少價值」這一點來制定價格。這種方法稱為「認知價值定價法」。有的企業也會進行關於「什麼樣的價格可以吸引到多少顧客」的市場調查，並依照調查結果來決定產品價格。在販售這類產品時，要讓產品概念與目標變得明確，向目標客群推銷產品的價值。

透過 3D 列印機來研發產品時，與大量生產的商品相比，製造成本往往會變得較高。因此，應該很難採用成本導向定價法吧。另外，只要考慮到「產品大多為不適合大量生產的利基產品」這一點，就會發現，由於競爭對手很少或是不存在，所以也不易採用競爭導向定價法。也就是說，使用 3D 列印機等設備來進行數位創作時，最適合的產品定價法是需求導向定價法。

7 -2-2 宣傳

接著，我們要介紹宣傳方法。想要讓目標客群購買產品的話，就必須運用產品的價值來吸引顧客，使其了解產品價值。宣傳的作用在於，將資訊傳達給顧客，使其購買產品。宣傳的最終目的就是讓目標客群購買產品。因此，1920 年代的經濟學家羅蘭·霍爾（Roland Hall）曾提倡 AIDMA 理論。這是一種將「顧客從得知產品到購買產品的思考決定過程」化為公式的理論。

1. A：Attention／注意‧注目
2. I：Interest／興趣‧關注
3. D：Desire／渴望
4. M：Memory／記憶
5. A：Action／購買行為

透過宣傳活動，顧客首先會注意到、認識你的產品。接著，顧客會對該產品產生興趣。然後，藉由讓顧客對產品的價值產生共鳴，覺得想要購買，就能讓顧客留下印象，並聯想到該產品。最後，顧客會購買、使用該產品。這項理論就是關於「一連串的消費行為的過程」的觀點。另外還有一個由 AIDMA 理論延伸而成的 AISCEAS 理論，這項理論詳細地說明了現代的消費行為的過程。

1. A：Attention／注意‧注目
2. I：Interest／興趣‧關注
3. S：Search／搜尋
4. C：Comparison／比較
5. E：Examination／研究
6. A：Action／購買行為
7. S：Share／分享資訊

當顧客得知你的產品，並產生興趣後，就會仔細調查，進行比較、研究。接著，當顧客認同該產品後，就會採取消費行為，並分享使用經驗與產品資訊。1 和 2 會由電視、廣播、報紙、雜誌、網路等媒體的廣告來負責。這類廣告需要支付龐大費用。不用支付龐大費用就能進行宣傳的方法為，在自己的部落格或社群網站上發表文章、網路活動、展售會等。無論產品再怎麼好，如果沒有讓目標客群得知產品的存在，顧客就不會購買。首先，為了讓顧客得知產品的存在，要去思考「能做些什麼」，並試著從「做得到的事」做起吧。

　　在需求導向定價法中，「向顧客推銷產品的價值」也就是要滿足 AISCEAS 理論中的第3～5 點。那麼，我們要如何推銷呢？很簡單，就是去思考顧客的需求。仔細地去想像「顧客要用什麼關鍵字才能找到自己的產品呢、什麼樣的特色會被拿來比較呢、顧客的考慮事項為何」等，並以簡單易懂的方式將正確的資訊傳達給目標客群。舉例來説，在觸摸不到的網路商店內，由於不易傳達產品的實際大小，所以能讓顧客了解商品尺寸與用起來的感覺，是非常重要的。如果照片讓人不易理解的話，就會引發「實際購買的產品與想像中不同」的情況，導致顧客滿意度下降（Fig7-2-1）。

【Fig7-2-1 不易得知實際大小的照片 】

　　只要有實際使用產品時的照片，不僅能讓顧客易於比較、研究，當顧客分享資訊時，也比較容易引起其他顧客的注意或興趣（Fig7-2-2、Fig7-2-3）。

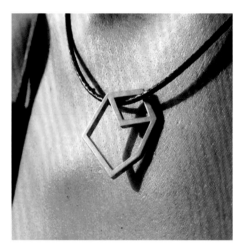

【Fig7-2-2 實際使用產品時的照片，有助於讓顧客比較、研究產品 】

Masahiko Adachiさんがリンクをシェアしました。
数秒前 ·

LovelyHeart PaperCup Holder by palabola | rinkak(リンカク)
www.rinkak.com
いつもの紙コップをちょっぴりお洒落に by rinkak(リンカク)

いいね！· コメントする · 投稿のフォローをやめる · シェア · 宣伝する

コメントする...

【Fig7-2-3 在社群網站上分享，並附上照片，會比較容易引起許多顧客的注意與興趣】

　　另外，還要將在階段 2（概念設計）記錄下來的「創作者的堅持」等也加進說明中。畢竟就算顧客摸得到產品，我們也很難將「產品是經過什麼過程才變得這種形狀的」、「對於哪個部分有什麼樣的堅持，為何要那樣做」等資訊傳達給顧客。在觸摸不到產品的網路商店內，更是如此。藉由讓顧客了解這種「創作者的堅持」，不僅能讓顧客對產品產生親切感，並長期使用，也比較容易讓顧客用口耳相傳的方式來向朋友推薦產品。

應對購買了產品的顧客所提出的維修委託與詢問，就是維修工作與用戶支援。維修工作也許會給人一種很麻煩的印象。不過，除了直接販售以外，這是我們唯一能和顧客直接交流的機會。我們經常能夠藉此獲得下一個產品的提示。不僅如此，藉由誠摯地對待顧客，也經常能夠讓顧客成為熱情的支持者。

Apple 公司的客服部門的用戶支援也是例子之一。當我因為 iPod 故障，無法播放音樂而將 iPod 拿到客服部門時，客服人員帶著笑容迅速地接待我，並熱心地尋求故障原因。接著，當客服人員發現此事無法當場解決時，便立刻換新品給我。客服人員的應對方式讓我滿意到深受感動，不僅是我帶去的 iPod，我也成為了其他 Apple 產品的熱烈支持者。這種現象並不特別。接著我們要介紹約翰·古德曼（John Goodman）的法則，此法則有系統地說明了「消費者投訴處理方式、回購率、口耳相傳」這三者之間的關聯，以及經過調查的結果。

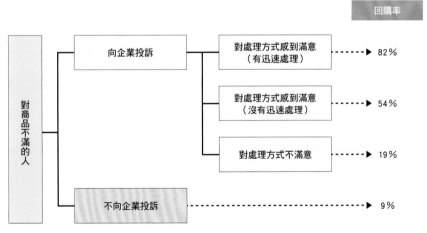

【 Fig7-3-1 顧客投訴處理方式與回購率之間的關聯 】

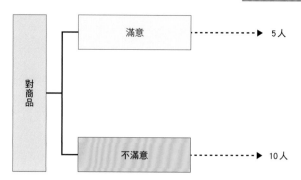

【Fig7-3-2 口耳相傳人數取決於商品滿意度】

[1] 古德曼的第一法則（Fig7-3-1）

當顧客對商品或服務表達不滿時，如果顧客對解決方式感到滿意，回購率就會變高。

具體來説，當客服人員能夠迅速處理顧客的抱怨，並讓顧客感到滿意時，回購率最高，為 82%。當客服處理得不夠好，讓顧客不滿意時，回購率則是 19%。經過比較後，我們可以得知兩者有很大差異。

[2] 古德曼的第二法則（Fig7-3-2）

與「對商品或服務感到滿意的顧客」相比，「感到不滿的顧客」會將該資訊傳達給多一倍的人。

具體來説，對商品或服務感到滿意的人，會將這項資訊和 5 個人分享，感到不滿的人，則將會這項資訊告訴 10 個人，人數多了一倍。

無論是什麼樣的產品，都無法讓所有顧客滿意。因此，對於「要如何應對感到不滿的顧客」這個問題，我們提供了下列兩項建議。

1. 建立一個能讓不滿意的顧客容易進入的洽詢窗口。
2. 在面對顧客的不滿時，不能消極地應對，反而要將其視為機會，盡全力消除顧客的不滿。

舉例來説，透過電子郵件、Twitter、Facebook 等方式來清楚地説明自己的聯絡方式，應該會是有效的。另外，盡可能地迅速處理顧客的抱怨也很重要。這是因為，雖然投訴的顧客同樣對客服的處理方式感到滿意，但是當客服有迅速處理時，顧客的回購率為 82%，相較之下，當客服沒有迅速處理時，回購率會降到 54%。

不過，如果因為忙於用戶支援而阻礙創造性活動的話，就本末倒置了。因此，我們要介紹能夠有效率地進行用戶支援的網路服務。那就是 Zendesk（http://ja.zendesk.com/）和 desk.com（http://www.desk.com/）。雖然這類服務原本是企業間交易（B2B）取向的高價系統，不過近年來我們已經能夠以免費或非常低的價格來利用這類服務。

　　Zendesk 與 desk.com 皆提供「能夠統一管理．處理來自電子郵件或社群網站等各種管道的詢問」的服務。另外，還能將客服與顧客之間的交流內容累積下來，當成知識庫，並整理成 FAQ。只要累積 FAQ，能夠藉此來解決問題的顧客就會增加，也能減輕客訴應對成本。

　　另外，由於看得見應對情況，而且用戶支援的工作流程變得簡單，所以就不易發生忘記或延誤處理客訴等情況。由於也能得知「回答顧客首次發問所花費的時間」，所以能夠測量出「應對速度有多快」這一點。藉由運用這些工具，就能高效率地進行用戶支援。

index

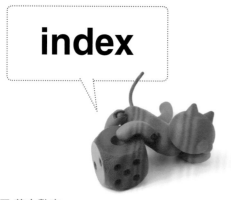

■ 英文數字

■ **依筆畫排序**

作者介紹

足立昌彦　kabuku 股份有限公司董事兼技術長（CTO）　負責部分：序言、第 1 章、第 7 章

在研究所時期從事人工智慧的研究。曾在大型企業的研究所內擔任研究員，後來在舊金山與外資創業公司擔任工程師、主管（director）。研發過 Android 平台的日語輸入軟體「Simeji」。Google Developer Expert（Android）。在 2013 年創立 kabuku 股份有限公司。負責 3D 列印創作電子交易市集「rinkak」的研發‧經營，也擔任產品設計師，從事尖端科技的研究。

稻田雅彥　kabuku 股份有限公司董事長兼執行長（CEO）　負責部分：第 5 章、第 7 章

在研究所時期從事人工智慧的研究。一邊研究，一邊發表了運用人工智慧與 3D 操作介面的作品，從事媒體藝術活動。在同年進入博報堂公司任職。一進公司後，就以創作者與行銷者的身分進行新服務的研發、通訊技術研發。得過坎城、ADFEST、倫敦廣告節、TIAA 等許多獎項。在 2013 年創立 kabuku 股份有限公司。負責 3D 列印創作電子交易市集「rinkak」的研發‧經營，也擔任產品設計師，從事尖端科技的研究。

大口諒　負責部分：第 6 章

在研究所時期從事人機互動（Human-Computer Interaction）與物理形狀顯示器的研發，從當時就開始使用 3D 列印機來累積創作經驗。很快地就將 3D 列印引進自家，並在創作類活動上發表過許多自製的電子器具。目前一邊在家電公司內擔任硬體工程師，一邊以創作組合「gutygraph」成員的身分從事創作活動。

PALABOLA
負責部分：第 3 章、第 4 章

由多摩美術大學出身的室內設計師所組成的設計工作室。平常大家在各自的公司內擔任產品設計師，大家會定期聚會，討論產品設計的製作、企劃等各種計畫。參與過婚禮禮物等的設計，並在 TOKYO CORK PROJECT 這個活動中使用再生軟木來開發商品，也參加過 the new market、WHY DON'T YOU PINK?展等設計活動，而且還獨自舉辦過「+Lab」、「魚板考察」等原創活動。透過各種方式來摸索創作。

和田拓朗
負責部分：第 2 章

在研究所時期從事 3D 顯示、複合現感、虛擬現感的研究。後來進入大型電機公司任職，負責建構金融機構的基礎系統。學習系統建構、創作的訣竅。利用工作之外的閒暇時間努力進行數位構築（Digital Fabrication）與 DIY 的啟蒙活動。以創作組合「gutygraph」成員的身分從事創作活動。學際情報學碩士。

TITLE

3D列印的提案、建模和行銷

STAFF

出版	瑞昇文化事業股份有限公司
作者	足立昌彦・稻田雅彦・大口 諒・PALABOLA・和田拓朗
譯者	李明穎
監譯	大放譯彩翻譯社

總編輯	郭湘齡
責任編輯	莊薇熙
文字編輯	黃美玉　黃思婷
美術編輯	謝彥如
排版	菩薩蠻數位文化有限公司
製版	昇昇興業股份有限公司
印刷	桂林彩色印刷股份有限公司
法律顧問	經兆國際法律事務所　黃沛聲律師

戶名	瑞昇文化事業股份有限公司
劃撥帳號	19598343
地址	新北市中和區景平路464巷2弄1-4號
電話	(02)2945-3191
傳真	(02)2945-3190
網址	www.rising-books.com.tw
Mail	resing@ms34.hinet.net

初版日期	2016年1月
定價	420元

國家圖書館出版品預行編目資料

3D列印的提案、建模和行銷 / 足立昌彥等著；
李明穎譯. -- 初版. -- 新北市：瑞昇文化, 2016.01
264　面；23.5 X 18.2　公分
ISBN 978-986-401-070-7(平裝)

1.印刷術

477.7　　　　　　　　　　　　　104027224